剪映

视频剪辑 / 调色 / 特效

从入门到精通 手机版 + 电脑版

麓山剪辑社　编著

U0125955

人民邮电出版社

北京

图书在版编目（CIP）数据

剪映视频剪辑/调色/特效从入门到精通：手机版+电脑版 / 麓山剪辑社编著. -- 北京：人民邮电出版社，2023.9

ISBN 978-7-115-61769-9

Ⅰ. ①剪… Ⅱ. ①麓… Ⅲ. ①视频编辑软件 Ⅳ. ①TP317.53

中国国家版本馆CIP数据核字(2023)第104958号

内 容 提 要

本书基于剪映 App 和剪映专业版编写而成，精选了抖音、快手上的热门案例，如卡点效果、合成效果、热门转场效果及商业实战案例等，可以帮助读者轻松、快速地掌握短视频制作的完整流程与技巧，成为视频剪辑高手。

全书分 3 篇，共 14 章。第 1～5 章为基础篇，详细介绍了剪映 App 和剪映专业版的基础操作，循序渐进地讲解了剪映的工作界面和基础功能应用，以及素材处理、音频处理、字幕效果等内容。第 6～9 章为进阶篇，详细介绍了剪映 App 和剪映专业版的调色、合成、转场、特效等高阶功能。第 10～14 章为综合案例篇，对前面讲解的内容进行汇总，讲解了动态相册、抖音酷炫短视频、Vlog 短视频、电商短视频、剧情短片的制作方法，帮助读者迅速掌握使用剪映制作不同类型短视频的方法。

本书适合广大短视频爱好者、自媒体运营人员，以及想寻求突破的新媒体平台工作人员、短视频电商营销与运营者学习和使用。

◆ 编　著　麓山剪辑社

　　责任编辑　王　冉

　　责任印制　马振武

◆ 人民邮电出版社出版发行　　北京市丰台区成寿寺路 11 号

　　邮编　100164　　电子邮件　315@ptpress.com.cn

　　网址　https://www.ptpress.com.cn

　　雅迪云印（天津）科技有限公司印刷

◆ 开本：700×1000　1/16

　　印张：18　　　　　　　　　　2023 年 9 月第 1 版

　　字数：459 千字　　　　　　　2024 年 8 月天津第 21 次印刷

定价：79.80 元

读者服务热线：**(010)81055410**　印装质量热线：**(010)81055316**

反盗版热线：**(010)81055315**

广告经营许可证：京东市监广登字 20170147 号

随着剪映专业版的持续更新，除"剪同款"功能外，目前剪映专业版几乎包括了剪映App的所有功能。鉴于这两个版本的剪映软件使用都比较广泛，本书将同时对它们进行讲解。虽然剪映App和剪映专业版的运行环境不同，界面不同，操作方式也有所区别，但由于剪映专业版其实是剪映App的计算机移植版，其使用逻辑与剪映App大体是相同的。在学会使用剪映App后，只要了解剪映专业版各个功能所在的位置，自然就可以掌握其使用方法。同时，考虑到剪映App的受众更广泛，本书将其作为主要的讲解对象。

▓ 本书特色

61个实战案例，精选抖音热门视频：全书采用"基础讲解+案例实操"的教学方法。61个实用性极强的实战案例，步骤详细，简单易懂，使读者快速掌握视频剪辑的技巧，从新手快速成长为视频后期处理高手。

66个剪辑功能，剪映App+剪映专业版全覆盖：书中介绍了66个剪辑功能，包括目前流行的多种类型短视频的制作方法，以及转场、字幕、字效、合成、音效、分身、卡点、特效等知识点，全面覆盖剪映App和剪映专业版的剪辑功能。

▓ 内容框架

本书基于剪映App和剪映专业版编写而成。由于软件升级较为频繁，版本之间部分功能和内置素材会有些许差异，建议读者灵活对照自身所使用的版本进行变通学习。

本书对素材剪辑、视频调色、音频处理、视频特效应用等内容进行了详细讲解，全书共14章，具体内容框架如下。

第1章 打好学习剪映的基础：介绍了剪映App和剪映专业版的下载与安装方法、工作界面、剪映云盘，以及模板的应用等。

第2章 掌握剪映App、剪映专业版的基础功能：主要讲解了剪映App和剪映专业版时间线和轨道的相关知识，以及素材的添加、分割、删除、复制、替换等基础功能的应用。

第3章 掌握剪映App、剪映专业版的高阶功能：主要讲解了剪映App和剪映专业版中"变速"、"防抖"、"降噪"、关键帧、"美颜美体"等高阶功能。

第4章 添加音频 营造视频氛围：介绍了短视频配乐的选择和添加技巧，以及音频的个性化处理技巧和卡点音乐视频的制作方法。

第5章 添加字幕 让视频更有文艺范：主要讲解了在剪映App和剪映专业版中添加和美化字幕的方法、文本动画的应用方法，以及常见的短视频字幕的制作方法。

第6章 掌握调色技巧 提升视频质感：介绍了一些常见流行色调的应用场景，以及在剪映App和剪映专业版中调色的方法和调色展示视频的制作方法。

第7章 合成效果呈现创意十足的画面：介绍了剪映App和剪映专业版中"画中画""蒙版""智能抠像""色度抠图"功能的用法，以及混合模式的应用。

第8章 掌握转场技巧 使画面衔接更流畅：介绍了剪映App和剪映专业版中的转场效果，以及抠像转场、无缝转场等特殊转场效果的制作方法。

第9章 视频特效是必不可少的元素：介绍了在剪映App和剪映专业版中添加视频特效的操作方法，以及抖音热门特效视频的制作方法。

第10章 动态相册：剪映App综合案例，结合之前学习的内容，制作3D卡点个人写真相册和毕业季动态翻页相册。

第11章 抖音酷炫短视频：剪映App综合案例，结合之前学习的内容，制作科技感特效短视频和抖音快闪短视频。

第12章 Vlog短视频：剪映App综合案例，结合之前学习的内容，制作周末出游Vlog和居家文艺风Vlog短视频。

第13章 电商短视频：剪映专业版综合案例，结合之前学习的内容，制作淘宝服装店的宣传视频和直播预告短视频。

第14章 剧情短片：剪映专业版综合案例，结合之前学习的内容，制作婚纱微电影MV和毕业季校园生活记录短片。

编者

2023年3月

"数艺设"教程分享

本书由"数艺设"出品，扫描下方二维码获取"4天短视频剪辑带学营"。

"数艺设"社区平台，为艺术设计从业者提供专业的教育产品。

与我们联系

我们的联系邮箱是 szys@ptpress.com.cn。如果您对本书有任何疑问或建议，请您发邮件给我们，并请在邮件标题中注明本书书名及ISBN，以便我们更高效地做出反馈。

如果您有兴趣出版图书、录制教学课程，或者参与技术审校等工作，可以发邮件给我们。如果学校、培训机构或企业想批量购买本书或"数艺设"出版的其他图书，也可以发邮件联系我们。

关于"数艺设"

人民邮电出版社有限公司旗下品牌"数艺设"，专注于专业艺术设计类图书出版，为艺术设计从业者提供专业的图书、视频电子书、课程等教育产品。出版领域涉及平面、三维、影视、摄影与后期等数字艺术门类，字体设计、品牌设计、色彩设计等设计理论与应用门类，UI设计、电商设计、新媒体设计、游戏设计、交互设计、原型设计等互联网设计门类，环艺设计手绘、插画设计手绘、工业设计手绘等设计手绘门类。更多服务请访问"数艺设"社区平台www.shuyishe.com。我们将提供及时、准确、专业的学习服务。

目录

基础篇

第 1 章
打好学习剪映的基础

1.1 初识剪映......................................13
    1.1.1 剪映概述....................................13
    1.1.2 剪映App和剪映专业版的区别...........13
    1.1.3 下载并安装剪映.........................14
    1.1.4 知识课堂：抖音与剪映账号互联.......16
1.2 学习剪映从界面开始.....................18
    1.2.1 主界面....................................18
    1.2.2 编辑界面.................................19
1.3 界面大变样的剪映专业版.................20
1.4 零基础小白快速出片的方法 22
    1.4.1 简单的"一键成片"功能...............22
    1.4.2 强大的"剪同款"功能..................22
    1.4.3 知识课堂：剪映模板详解.............24
    1.4.4 案例训练：制作萌娃汉服写真
         短视频....................................25
    1.4.5 案例训练：制作节日祝福短视频......27
1.5 快速仿制视频的方法......................29
    1.5.1 使用"创作脚本"功能.................29
    1.5.2 使用"模板跟拍"功能.................31
    1.5.3 知识课堂：使用"提词器"功能
         实现脱稿录制..............................32
1.6 实现多设备同步编辑的"剪映云盘"... 33
1.7 跟着官方学剪映...........................34
    1.7.1 关注剪映官方抖音号..................34
    1.7.2 剪映的"创作课堂".....................35

第 2 章
掌握剪映App、剪映专业版的基础功能

2.1 精确定位时间点的时间线 37

2.1.1 用时间线精准定位精彩瞬间 37
2.1.2 让时间线快速大范围移动...............37
2.1.3 以帧为单位进行精准定位..............38
2.2 时间线操作大变样的剪映专业版........ 38
2.3 视频剪辑其实就是编辑各种轨道........ 39
    2.3.1 调整素材的顺序........................40
    2.3.2 调节视频片段的时长..................40
    2.3.3 调整效果的覆盖范围..................41
    2.3.4 让一段视频包含多种效果............42
2.4 剪映专业版轨道的编辑方法 42
2.5 添加素材.................................. 43
    2.5.1 剪映App中添加素材的基本方法 43
    2.5.2 剪映专业版中添加素材的
         基本方法..................................44
    2.5.3 案例训练：制作美食混剪短视频......45
2.6 "分割"和"删除"功能让视频剪辑
    更灵活...................................... 48
    2.6.1 利用"分割"和"删除"功能
         截取精彩片段..............................48
    2.6.2 知识课堂：使用"删除"功能解决
         黑屏片尾问题..............................48
    2.6.3 剪映专业版中"分割"和"删除"
         功能的使用方法..........................49
    2.6.4 案例训练：制作《校园回忆》
         短视频....................................50
2.7 使用"复制"功能一键添加同一素材 ... 52
2.8 使用"替换"功能一键更换老旧素材 ... 53
2.9 剪映专业版那些隐藏在鼠标
    右键中的功能 54
2.10 设置符合画面内容的视频比例 55
    2.10.1 剪映App中调整画幅比例的方法 ...55
    2.10.2 剪映专业版中调整画幅
          比例的方法...............................56

2.11 可以对视频画面进行二次构图的
"编辑"功能........................57
　　2.11.1 利用"编辑"功能满足多重
　　　　　观看需求 57
　　2.11.2 知识课堂：在剪映中手动
　　　　　调整画面 59
　　2.11.3 剪映专业版中"编辑"功能的
　　　　　使用方法 60
　　2.11.4 案例训练：打造盗梦空间效果.....61
2.12 可以使时光倒流的"倒放"功能........63
　　2.12.1 "倒放"功能的使用方法 63
　　2.12.2 案例训练：打造时光回溯效果 64
2.13 一键更换视频背景 65
　　2.13.1 为视频添加彩色画布背景.....65
　　2.13.2 应用画布样式 66
　　2.13.3 设置模糊画布 67
　　2.13.4 知识课堂：自定义画布样式.....67
　　2.13.5 剪映专业版中更换视频
　　　　　背景的方法 68
　　2.13.6 综合训练：校园写真集.............68

第 **3** 章
掌握剪映App、剪映专业版的
高阶功能

3.1 使用"变速"功能让视频张弛有度......72
　　3.1.1 常规变速 72
　　3.1.2 曲线变速.............................73
　　3.1.3 剪映专业版中"变速"功能的
　　　　　使用方法 74
3.2 好用的"防抖"和"降噪"功能.........75
　　3.2.1 "防抖"功能.......................75
　　3.2.2 "降噪"功能.......................76
　　3.2.3 剪映专业版中"防抖"和"降噪"
　　　　　功能的使用方法 76
3.3 让画面的出现与消失更精彩的
"动画"功能 77
　　3.3.1 "动画"功能的使用方法 77
　　3.3.2 案例训练：制作夏日饮品混剪
　　　　　短视频 78

　　3.3.3 剪映专业版中"动画"功能的
　　　　　使用方法 80
3.4 实现人物魅力最大化的"美颜美体"
功能 81
　　3.4.1 "美颜美体"功能的使用方法 81
　　3.4.2 剪映专业版中美颜美体功能的
　　　　　使用方法 84
3.5 一键生成热门内容的"抖音玩法"......84
　　3.5.1 使用"抖音玩法"制作人物
　　　　　立体相册 85
　　3.5.2 案例训练：3D运镜电子相册..........85
3.6 使用"定格"功能凸显精彩瞬间........87
3.7 可以让静态画面动起来的关键帧
功能 88
　　3.7.1 利用关键帧模拟运镜效果 88
　　3.7.2 案例训练：制作古建筑混剪
　　　　　短视频 89
　　3.7.3 剪映专业版中关键帧功能的
　　　　　使用方法 91
　　3.7.4 综合训练：制作干杯集锦短视频.....91
　　3.7.5 综合训练：制作定格漫画效果 94

第 **4** 章
添加音频 营造视频氛围

4.1 背景音乐的重要作用.....................97
　　4.1.1 让视频蕴含的情感更容易
　　　　　打动观者.....................97
　　4.1.2 节拍点对于营造视频节奏有
　　　　　参考作用.....................97
4.2 短视频音乐的选择技巧.....................97
　　4.2.1 把握整体节奏.....................98
　　4.2.2 选择符合视频内容基调的音乐.....98
　　4.2.3 音乐配合情节反转.....................98
4.3 添加背景音乐的方法.....................99
　　4.3.1 选取剪映音乐库中的音乐 99
　　4.3.2 提取本地视频的背景音乐.....100
　　4.3.3 使用抖音收藏的音乐.....101
　　4.3.4 通过链接提取音乐.....................102
　　4.3.5 知识课堂：录制语音，添加旁白 103

4.3.6 剪映专业版中添加音频的方式 104

4.3.7 案例训练：打造动感舞台效果 106

4.4 对音频进行个性化处理 108

4.4.1 添加音效 108

4.4.2 设置音频变速 109

4.4.3 设置音频变声 109

4.4.4 实现音频的淡入淡出 110

4.4.5 知识课堂：调节音量营造声音

层次感 111

4.4.6 剪映专业版中对音频进行

个性化处理的方法 112

4.4.7 案例训练：打造魔幻歌声效果 113

4.5 制作卡点音乐视频 114

4.5.1 卡点视频的分类 115

4.5.2 手动卡点和自动卡点 115

4.5.3 知识课堂：制作抽帧卡点效果 116

4.5.4 剪映专业版中制作卡点音乐

视频的方法 118

4.5.5 综合训练：制作动画转场卡点

短视频 119

4.5.6 综合训练：制作关键帧卡点

短视频 122

4.5.7 综合训练：制作曲线变速

卡点短视频 125

第 **5** 章
添加字幕 让视频更有文艺范

5.1 添加字幕完善视频内容 131

5.1.1 手动添加字幕 131

5.1.2 自动识别字幕 131

5.1.3 自动识别歌词 132

5.1.4 知识课堂：将文字转化为语音 133

5.1.5 案例训练：为情景短片添加

歌词字幕 134

5.2 美化字幕 135

5.2.1 设置字幕样式 136

5.2.2 花字效果 136

5.2.3 应用文字模板 137

5.2.4 案例训练：为萌宠视频添加

综艺花字 138

5.3 在剪映专业版中添加字幕 140

5.3.1 新建文本 140

5.3.2 花字 140

5.3.3 智能字幕 141

5.3.4 知识课堂：使用"预设"功能保存

字幕样式 142

5.4 让文字"动起来"的方法 143

5.4.1 利用动画效果让文字"动起来" 143

5.4.2 打字动画效果后期制作方法 144

5.4.3 案例训练：古诗词朗诵视频

渐显字幕 145

5.4.4 剪映专业版中添加文本

动画的方法 147

5.5 爆款字幕效果案例 148

5.5.1 综合训练：烂漫唯美的文字

消散效果 148

5.5.2 综合训练：电影片尾滚动字幕 150

5.5.3 综合训练：卡拉OK字幕效果 154

5.5.4 综合训练：创意倒影字幕 155

5.5.5 综合训练：高级感镂空字幕 158

进阶篇

第 **6** 章
掌握调色技巧 提升视频质感

6.1 学习调色从认识色调开始 162

6.1.1 明确调色目的 162

6.1.2 如何确定画面整体基调 163

6.1.3 如何确定画面风格 163

6.2 9种流行色调场景解析 163

6.2.1 什么样的场景适用赛博朋克风 163

6.2.2 什么样的场景适用橙青风 164

6.2.3 什么样的场景适用暗黑风 164

6.2.4 什么样的场景适用银灰风 165

6.2.5 什么样的场景适用黑金风 165

6.2.6 什么样的场景适用哈苏蓝风 166

6.2.7 什么样的场景适用莫兰迪风 166

6.2.8 什么样的场景适用菊次郎风 167

6.2.9 什么样的场景适用港式复古风 167

6.3 剪映App中的3种调色方法 168

6.3.1 使用"调节"功能调色 168

6.3.2 使用滤镜进行调色 169

6.3.3 使用色卡进行调色 171

6.3.4 知识课堂：HSL功能 172

6.3.5 案例训练：制作小清新漏光效果 172

6.4 剪映专业版中调色的方法 178

6.4.1 设置基础调节参数 178

6.4.2 利用HSL功能拯救

暗黄画面 179

6.4.3 利用"曲线"功能调整电影色调 180

6.4.4 了解剪映专业版独有的

"色轮"功能 181

6.4.5 利用预设功能快速为多段

视频调色 181

6.4.6 知识课堂：剪映专业版中使用

滤镜调色的方法 182

6.4.7 案例训练：风景视频的色彩

调节操作 184

6.5 如何套用别人的调色风格 186

6.5.1 LUT与滤镜有何区别 186

6.5.2 如何套用LUT文件 186

6.6 制作调色效果展示视频 187

6.6.1 综合训练：制作调色前后对比

展示视频 187

6.6.2 综合训练：制作卡点变色短视频 189

6.6.3 综合训练：制作慢动作变色视频 191

6.6.4 综合训练：制作复古滤镜视频 193

第 **7** 章
合成效果呈现创意十足的画面

7.1 "画中画"和"蒙版"功能 199

7.1.1 使用"画中画"功能让多个素材

在一个画面中出现 199

7.1.2 同时使用"画中画"和"蒙版"

功能控制显示区域 200

7.1.3 案例训练：多屏开场短片 202

7.1.4 案例训练：炫酷蒙版特效制作 206

7.1.5 剪映专业版中"画中画"和

"蒙版"功能的使用方法 210

7.1.6 知识课堂：利用层级灵活调整

视频覆盖关系 211

7.2 "智能抠像"和"色度抠图"功能 211

7.2.1 利用"智能抠像"功能一键抠人 211

7.2.2 利用"色度抠图"功能一键抠图 212

7.2.3 知识课堂：巧用HSL功能

去除颜色残留 213

7.2.4 剪映专业版中"智能抠像"和

"色度抠图"功能的应用 213

7.2.5 案例训练：制作穿越手机视频 214

7.3 利用混合模式制作特效 215

7.3.1 变暗 216

7.3.2 滤色 216

7.3.3 叠加 216

7.3.4 正片叠底 216

7.3.5 变亮 217

7.3.6 强光 217

7.3.7 柔光 217

7.3.8 线性加深 218

7.3.9 颜色加深 218

7.3.10 颜色减淡 218

7.3.11 案例训练：制作唯美的

回忆画面 219

7.3.12 综合训练：制作三分屏卡点

短视频 221

7.3.13 综合训练：制作人物分身

合体效果 224

7.3.14 综合训练：打造炫酷的

城市灯光秀 225

第 8 章

掌握转场技巧 使画面衔接更流畅

8.1 认识转场...........................230
  8.1.1 认识技巧转场...........................230
  8.1.2 认识无技巧转场...........................231

8.2 剪映中常见的转场效果.....................232
  8.2.1 运镜转场...........................233
  8.2.2 幻灯片转场...........................233
  8.2.3 拍摄转场...........................233
  8.2.4 光效转场...........................233
  8.2.5 故障转场...........................234
  8.2.6 MG动画转场...........................234
  8.2.7 综艺转场...........................234
  8.2.8 互动emoji转场...........................235
  8.2.9 知识课堂：在剪映中一键应用
    转场效果...........................235
  8.2.10 案例训练：制作美食集锦
    短视频...........................235
  8.2.11 剪映专业版中添加
    转场特效的方法...........................237

8.3 制作特殊转场效果.....................239
  8.3.1 综合训练：抠像转场...........................239
  8.3.2 综合训练：无缝转场...........................240
  8.3.3 综合训练：水墨转场...........................241
  8.3.4 综合训练：蒙版转场...........................242
  8.3.5 综合训练：碎片转场...........................244
  8.3.6 综合训练：线条切割转场...........................246

第 9 章

视频特效是必不可少的元素

9.1 特效对于视频的意义.....................250
  9.1.1 利用特效突出画面重点...........................250
  9.1.2 利用特效营造画面氛围...........................250
  9.1.3 利用特效强调画面节奏感...........................250

9.2 剪映的画面特效.....................250
  9.2.1 使用氛围特效...........................250
  9.2.2 使用自然特效...........................251

  9.2.3 使用边框特效...........................252
  9.2.4 使用漫画特效...........................252
  9.2.5 知识课堂：一键将特效应用至
    全部素材...........................253
  9.2.6 案例训练：制作慢放发光
    卡点视频...........................253

9.3 剪映的人物特效.....................255
  9.3.1 使用情绪特效...........................256
  9.3.2 使用装饰特效...........................256
  9.3.3 使用新年特效...........................257
  9.3.4 案例训练：制作"灵魂出窍"
    短视频...........................257
  9.3.5 案例训练：制作卡点变色
    短视频...........................259

9.4 剪映专业版中添加特效的方法.........262

9.5 视频特效的综合应用.....................263
  9.5.1 综合训练：人物荧光线描...........................263
  9.5.2 综合训练：漫画人物出场...........................265
  9.5.3 综合训练：夏天渐变成冬天...........................268

综合案例篇

第 10 章

动态相册

10.1 动态相册制作要点.....................272

10.2 动态相册案例解析.....................273
  10.2.1 制作3D卡点个人写真相册...........................273
  10.2.2 制作毕业季动态翻页相册...........................274

第 11 章

抖音酷炫短视频

11.1 抖音酷炫短视频制作要点.............276

11.2 抖音酷炫短视频案例解析.............276

11.2.1 制作科技感特效短视频 276

11.2.2 制作抖音快闪短视频.................277

第 **12** 章
Vlog短视频

12.1 Vlog短视频制作要点 **279**

12.2 Vlog短视频案例解析 **279**

12.2.1 制作周末出游Vlog....................279

12.2.2 制作居家文艺风Vlog 280

第 **13** 章
电商短视频

13.1 电商短视频制作要点 **282**

13.2 电商短视频案例解析 **283**

13.2.1 制作淘宝服装店宣传视频..........283

13.2.2 制作直播预告短视频.................283

第 **14** 章
剧情短片

14.1 剧情短片制作要点 **286**

14.2 剧情短片案例解析 **286**

14.2.1 制作婚纱微电影MV 286

14.2.2 制作毕业季校园生活记录短片....287

附录 **288**

第 **1** 章

打好学习
剪映的基础

对于热衷于短视频创作的用户来说，一款合适的视频编辑软件是必不可少的。以往许多人会选择学习After Effects、Premiere等专业的视频编辑软件，但这些软件的学习成本较高，很难达到快速上手的目的。为满足广大零基础短视频爱好者的创作需求，抖音官方推出了一款全能易用的剪辑"神器"——剪映。

剪映功能强大且操作简单，非常适合视频创作新手。自2021年2月起，剪映支持在手机端、Pad端、PC端使用。

1.1 初识剪映

在学习使用剪映进行后期编辑之前，首先需要对这款软件有一个初步的了解。下面带领大家认识剪映，并详细介绍剪映App和剪映专业版的下载与安装方法。

1.1.1 剪映概述

剪映是抖音官方于2019年5月推出的一款视频剪辑软件，带有全面的剪辑功能和丰富的曲库资源，拥有多样滤镜和美颜效果，一经上线便深受用户喜爱。据调查，截至2023年3月，剪映（Android版）在各平台的总下载量高达81.06亿次，如图1-1所示。

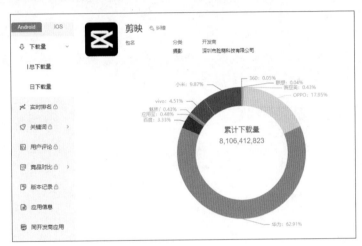

图1-1

以下是剪映的一些特色功能，之后的章节会对各项功能的具体操作进行详细讲解。

- 剪辑"黑科技"：支持色度抠图、曲线变速、视频防抖、画面定格等高阶功能。
- 简单好用：切割、变速、倒放，功能简单易学。
- 素材丰富：资源丰富的素材库和素材包，精致好看的贴纸和字体。
- 海量曲库：抖音独家曲库，让视频更"声"动。
- 高级好看：专业风格滤镜，一键轻松美颜。
- 剪同款：快速出大片，简单实用，样式丰富。
- 免费教程：创作课堂提供海量免费课程，边学边剪，易上手。

1.1.2 剪映App和剪映专业版的区别

剪映专业版是抖音继剪映App之后，推出的在PC端使用的一款视频剪辑软件。剪映App与剪映专业版的最大区别在于两者适用的平台不同，因此界面的布局势必有所不同。

相比剪映App，剪映专业版基于计算机屏幕的优势，可以为用户呈现更为直观、全面的画面编辑效果。图1-2和图1-3所示分别为剪映App和剪映专业版的工作界面。

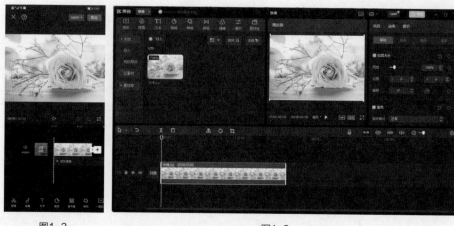

图1-2　　　　　　　　　　　　　　　　　图1-3

剪映App的诞生时间较早，目前既有的功能和模块已趋于完善；而剪映专业版由于推出的时间不长，部分功能和模块还处于待完善状态。例如，剪映App中的"剪同款"和"创作课堂"功能，剪映专业版尚不具备。

1.1.3　下载并安装剪映

剪映App和剪映专业版下载与安装的方式不同。剪映App只需要在手机应用商店中搜索"剪映"并点击安装即可；而剪映专业版则需要在计算机浏览器中搜索"剪映专业版"，进入官方网站后，在主页单击"立即下载"按钮进行安装。下面讲解具体的操作方法。

1. Android系统手机

01　打开手机，在手机桌面点击"应用市场"，如图1-4所示。

02　进入"应用市场"后，在搜索栏中输入"剪映"，点击搜索出的应用旁边的"安装"按钮，即可完成剪映App的下载与安装，如图1-5和图1-6所示，安装完成后可以在手机桌面找到该应用。

图1-4　　　　　　　　　　　图1-5　　　　　　　　　　　图1-6

提示

　　手机应用的安装方法大同小异，不同系统的手机安装过程可能略有不同，上述安装方法仅供参考，请以实际操作为准。

2. iOS系统手机

打开手机"App Store"（应用商店），进入搜索界面，在搜索栏中输入"剪映"，如图1-7至图1-9所示。

图1-7　　　　　　　　　　图1-8　　　　　　　　　　图1-9

搜索到应用后，可直接点击应用旁边的"获取"按钮进行下载安装，也可以进入应用详情页，点击"获取"按钮进行下载安装，安装完成后可在桌面找到该应用，如图1-10至图1-12所示。

图1-10　　　　　　　　　　图1-11　　　　　　　　　　图1-12

3. 下载并安装剪映专业版

01 在计算机浏览器中打开"百度"首页，在搜索框中输入关键词"剪映专业版"查找相关内容，如图1-13所示。

图1-13

02 进入官方网站后，在主页上单击"立即下载"按钮，如图1-14所示。

图1-14

03 单击该按钮后，浏览器将弹出任务下载框，用户可以自定义安装程序的下载位置，之后单击"下载"按钮进行下载即可，如图1-15所示。

图1-15

04 完成上述操作后，在下载位置找到安装程序文件，双击程序文件🗕，打开程序安装界面，单击"立即安装"按钮，即可开始安装剪映专业版，如图1-16所示。

05 安装完成后，单击"立即体验"按钮，即可启动剪映专业版软件，如图1-17所示。

图1-16

图1-17

> **提示**
>
> 　　上述操作是基于Windows版本剪映专业版编写的，若使用的版本不同，实际操作可能会存在差异，建议大家对照自身所使用的版本进行变通操作。

1.1.4 知识课堂：抖音与剪映账号互联

　　剪映作为抖音主打的视频剪辑软件，支持用户使用抖音账号登录，以实现剪映与抖音的无缝对接。下面将分别介绍使用抖音账号登录剪映App和剪映专业版的操作方法。

1. 使用抖音账号登录剪映App

　　打开剪映App，在主界面点击"我的"按钮 ，打开图1-18所示的账号登录界面，点击"抖音登录"按钮，在跳转的界面完成授权后，即可使用抖音账号登录剪映App，如图1-19所示。

图1-18　　　　　　　　　　　　图1-19

提示　　在图1-19所示的界面上点击"抖音主页"，可以快速启动抖音App。

2. 使用抖音账号登录剪映专业版

　　在计算机桌面上双击"剪映"图标 ，启动剪映专业版软件，在打开的界面上单击"点击登录账户"按钮，进入登录界面，如图1-20和图1-21所示。

图1-20　　　　　　　　　　　　图1-21

　　在手机上打开抖音App，在首页点击"搜索"图标 ，再点击"扫一扫"图标 ，扫描图1-21所示界面上的二维码，进入抖音的授权界面，点击"同意授权"按钮，即可完成登录，如图1-22和图1-23所示。

图1-22 　　　　　　　　　　　　　　图1-23

在实现剪映和抖音的账号互联之后，用户用剪映编辑视频时可以直接使用抖音App中收藏的歌曲，也可以将编辑好的视频分享至抖音。

1.2 学习剪映从界面开始

剪映App的工作界面简洁明了，各工具按钮下方附有相关文字，用户可以对照文字轻松地管理和制作视频。下面将剪映App的工作界面分为主界面和编辑界面两部分进行介绍。

1.2.1 主界面

打开剪映App，首先映入眼帘的是默认的剪辑界面，即剪映App的主界面，如图1-24所示。点击界面底部的"剪同款" 、"创作课堂" 📃、"消息" 🔔、"我的" 👤按钮，可以切换至对应的功能界面，各功能界面的说明如下。

● 剪同款：包含各种各样的模板，用户可以根据菜单分类选择模板进行套用，也可以通过搜索框搜索自己想要的模板进行套用。

● 创作课堂：包含抖音的各种视频剪辑教程及热门玩法。

● 消息：接收官方的通知及消息、粉丝的评论及点赞提示等。

● 我的：展示个人资料情况及收藏的模板。

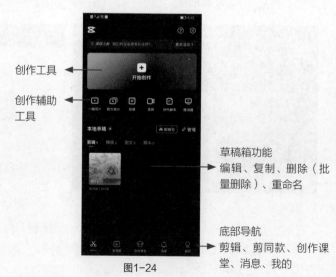

创作工具

创作辅助工具

草稿箱功能
编辑、复制、删除（批量删除）、重命名

底部导航
剪辑、剪同款、创作课堂、消息、我的

图1-24

1.2.2 编辑界面

　　在主界面点击"开始创作"按钮 ⊞，进入素材添加界面，在选择相应素材并点击"添加"按钮后，即可进入视频编辑界面，如图1-25所示。该界面由三部分组成，分别为预览区、时间轴和工具栏。

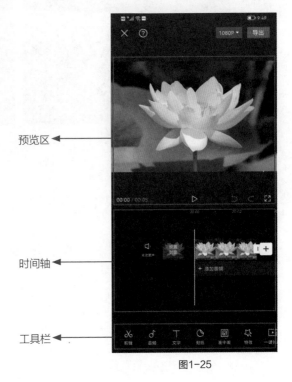

预览区

时间轴

工具栏

图1-25

1. 预览区

　　预览区的作用在于实时查看视频画面，它始终显示当前时间线所在那一帧的画面。可以说，视频剪辑过程中的任何一个操作，都需要在预览区确认其效果。当对完整视频进行预览后，发现已经没有必要继续修改时，一个视频的后期剪辑就完成了。

　　在图1-25中，预览区左下角显示的00:00/00:05，表示当前时间线所在时间刻度为00:00，00:05则表示视频总时长为5s。

　　点击预览区底部的 ▶ 图标，即可从当前时间线所处位置开始播放视频；点击 ⤾ 图标，即可撤回上一步的操作；点击 ⤿ 图标，即可在撤回操作后再将其恢复；点击 ⛶ 图标可全屏预览视频。

2. 时间轴

　　在使用剪映进行视频后期剪辑时，90%以上的操作是在时间轴中完成的，该区域包含三大元素，分别是轨道、时间线和时间刻度。当需要对素材长度进行裁剪或者添加某种效果时，就需要同时运用这三大元素来精准控制裁剪和添加效果的范围。

3. 工具栏

　　剪映编辑界面的底部为工具栏，剪映中几乎所有的功能都能在工具栏中找到相关选项，在不选中任何轨道的情况下，显示的为一级工具栏；点击相应按钮，即可进入二级工具栏。

　　需要注意的是，当选中某一轨道后，剪映工具栏会随之发生变化——变成与所选轨道相匹配的工具。图1-26所示为选中图像轨道时的工具栏，图1-27所示为选中音频轨道时的工具栏。

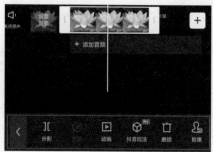

图1-26

图1-27

1.3 界面大变样的剪映专业版

在计算机桌面上双击"剪映"图标 ，单击"开始创作"按钮，即可进入剪映专业版的编辑界面。剪映专业版的整体操作逻辑与剪映App几乎是一致的，但由于计算机显示器的屏幕较大，操作界面会有一定的区别。因此，只要了解各个功能、选项的位置，在学会了剪映App的操作方法以后，就自然知道如何使用剪映专业版进行剪辑了。

剪映专业版界面如图1-28所示，主要包含六大区域，分别为工具栏、素材区、预览区、素材调整区、常用功能区和时间轴。六大区域分布着剪映专业版的所有功能和选项。其中占据空间最大的是时间轴，该区域也是视频剪辑的主战场。剪辑的绝大部分工作都会对时间轴中的轨道进行编辑，以实现预期的视频效果。

图1-28

剪映专业版各区域功能介绍如下。

● 工具栏：工具栏中包含"媒体""音频""文本""贴纸""特效""转场""滤镜""调节""素材包"9个选项。其中只有"媒体"选项没有在剪映App中出现。在剪映专业版中选择"媒体"选项 后，可以从"本地"或者"素材库"中选择素材并将其导入素材区。

● 素材区：选择工具栏中的"贴纸""特效""转场"等选项，其可用素材、效果均会在素材区显示出来。

● 预览区：在后期剪辑过程中，可随时在预览区查看效果，单击预览区右下角的 按钮，可进行全屏预览；单击右下角的 按钮，可以调整画面比例。

● 素材调整区：选中时间轴中的某一轨道后，素材调整区会出现该轨道的效果设置参数。选中视频轨道、音频轨道、文字轨道时，素材调整区分别如图1-29至图1-31所示。

　　图1-29　　　　　　　　图1-30　　　　　　　　图1-31

● 常用功能区：在常用功能区，可以快速对视频进行分割、删除、定格、倒放、镜像、旋转和裁剪7种操作。另外，如果操作失误，单击 按钮，即可将这一步操作撤销；单击 按钮，即可将鼠标的作用设置为"选择"或者"分割"。选择"分割"选项后，在视频轨道上单击，即可在当前位置分割视频。

● 时间轴：时间轴中包含三大元素，分别为轨道、时间线、时间刻度。由于剪映专业版的界面较大，所以不同的轨道可同时显示在时间轴中，如图1-32所示，相比剪映App，这种优势可以提高后期处理的效率。

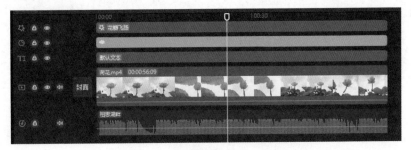

图1-32

提示

在使用剪映App时，由于图片和视频都是从"相册"中找到的，所以"相册"就相当于剪映的素材区。但对于剪映专业版而言，因为计算机中没有一个固定的、用于存储所有图片和视频的文件夹，所以会有单独的素材区。使用剪映专业版进行后期处理的第一步，就是将准备好的一系列素材全部添加到素材区，在后期处理过程中，需要哪个素材，就将哪个素材从素材区拖至时间轴中即可。

 零基础小白快速出片的方法

对于刚接触短视频创作且对短视频制作方法不太了解的用户来说，剪映的"一键成片"和"剪同款"功能无疑是他们非常喜欢的功能。这两项功能使得零基础用户也能轻松且快速地创作短视频。

1.4.1 简单的"一键成片"功能

剪映的"一键成片"功能根据用户选择的视频或图像素材，推荐视频模板，随机生成视频。其操作方法非常简单，打开剪映App之后，在主界面点击"一键成片"按钮 ▣，即可进入素材选取界面，如图1-33和图1-34所示。

在素材选取界面选择完需要使用的素材后，点击"下一步"按钮，系统会自动将所选素材合成视频，如图1-35和图1-36所示。

| 图1-33 | 图1-34 | 图1-35 | 图1-36 |

系统会为生成的短视频内容自动添加背景音乐及转场特效，用户如果对视频效果不满意，可以点击替换为别的视频模板，或者在页面下方点击"立即编辑"按钮，对视频内容进行简单的编辑和修改。

1.4.2 强大的"剪同款"功能

"剪同款"是剪映的一项特色功能，它为用户提供了大量视频创作模板，用户只需手动添加视频或图像素材，就能够直接将他人编辑好的视频参数套用到自己的视频中，快速且高效地制作出一条包含特效、转场、卡点等效果的完整视频。

打开剪映App，在主界面点击"剪同款"按钮 ，即可跳转至模板界面，如图1-37和图1-38所示。

在模板界面挑选一个需要应用的模板后，直接点击该模板，进入模板视频的播放界面，点击界面右下角的"剪同款"按钮，即可进入素材选取界面，如图1-39和图1-40所示。

图1-37

图1-38

图1-39

图1-40

素材选取界面底部会提示用户需要选择几段素材，以及视频素材或图像素材所需的时长。在完成素材选择后，点击"下一步"按钮，等待片刻即可生成相应的视频内容，如图1-41和图1-42所示。

图1-41

图1-42

系统会为生成的短视频内容自动添加模板视频中的文字、特效及背景音乐，用户可以在编辑界面对视频效果进行预览，或者对内容进行简单的编辑和修改。

编辑界面下方分别提供了"视频"和"文本"两个选项，选择"视频"选项，点击素材缩览图，将弹出"点击编辑"按钮，点击该按钮，页面将弹出"拍摄""替换""裁剪"等选项，如图1-43所示，用户可以根据自己的需求对素材进行相应的调整。

切换至"文本"选项，可以看到底部分布的文字缩览图，如图1-44所示，点击文字缩览图，即可将该段文字修改为新的文字内容。

图1-43　　　　　　　　　　　　　　　　图1-44

1.4.3 知识课堂：剪映模板详解

很多用户都非常喜欢使用剪映的模板来创作短视频，但对模板的相关知识一知半解，下面汇总了一些关于模板的常见问题，并对其做出了详细的解答，以帮助读者更好地使用剪映模板。

1. 什么是视频模板

视频模板就是创作人在剪映中制作出的共享给用户使用的视频源文件。用户点击"剪同款"界面的模板，就可以使用创作人精心设计的创作效果，包括贴纸、转场、动画、文字、滤镜等。

2. 模板分栏有哪些

目前剪映的模板分栏包含关注、推荐、卡点、日常碎片、萌娃、情感、玩法、纪念日、情侣、美食、旅行、风格大片、友友天地、Vlog、萌宠、动漫、游戏。

其中"关注"栏展示的是用户所关注的模板创作人制作的模板，以便用户能实时了解所喜欢的创作人是否更新了模板。而"推荐"栏所展示的是根据用户的喜好筛选出的内容和近期平台大部分用户都喜欢看的内容。

其他分类均为不同领域的分栏，用户可以根据自己的喜好进行选择。

3. 什么是付费模板

模板播放界面、模板编辑界面上标有售价的模板均为付费模板，用户可通过付费进一步查看模板原始的制作草稿。

如果用户需要购买付费模板，可以在模板播放界面的底部点击"解锁草稿"，进入购买流程，如图1-45和图1-46所示。付费后可解锁该模板的原始剪辑草稿，编辑模板中的音乐、特效、贴纸等内容，从而创作出更有趣的视频。但用户所购买的模板草稿中，不包含模板的视频和图片素材、特殊素材效果（如变形、抠图等）。

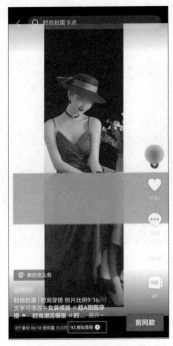

图1-45

图1-46

　　需要注意的是，如果模板购买界面没有标明"模板商业授权，线上线下全场景可用"，则购买的付费模板不能用于制作商业视频，用户需要仔细甄别。

4. 如何成为模板创作人

　　成为模板创作人主要有两个途径。一是参加剪映不定期的招募活动，详见App内的活动宣传，如剪映创作人招募大赛，用户可以直接点击进去查看和申请；二是剪映会根据用户在剪映中进行视频制作时的导出次数、剪映活跃天数、抖音平台的创作领域、粉丝数等维度，不定期邀请少量用户加入。

5. 成为模板创作人有什么好处

　　模板创作人可以获得剪映模板创作权限，发布模板到"剪同款"，通过模板获得一定的收益，还可以获得剪映红V、创作人领域等官方认证，享受身份荣誉。

1.4.4　案例训练：制作萌娃汉服写真短视频

　　本案例介绍的是萌娃汉服写真短视频的制作方法，主要使用剪映的"一键成片"功能。下面介绍具体的操作方法。

01　打开剪映App，在主界面点击"一键成片"按钮 ▣，进入素材选取界面，选择3张萌娃汉服写真的图像素材，点击"下一步"按钮，如图1-47和图1-48所示。

02　进入模板选取界面，滑动界面下方的模板选项栏，点击需要应用的视频模板，再点击模板缩览图中的"点击编辑"按钮，如图1-49和图1-50所示。

| 图1-47 | 图1-48 | 图1-49 | 图1-50 |

03 进入视频编辑界面，点击素材缩览图中的"点击编辑"按钮，再在界面浮现的工具栏中点击"裁剪"按钮 ▥，如图1-51所示，在裁剪界面拖动裁剪框选取视频的显示区域，操作完成后点击界面右下角的"确认"按钮，如图1-52所示。

| 图1-51 | 图1-52 |

04 按照步骤03的操作方式裁剪好余下的两段素材后，切换至"文本"选项，点击界面底部的文字素材缩览图，再点击缩览图中的"点击编辑"按钮，如图1-53和图1-54所示，系统弹出输入键盘，将选中的文字内容修改为需要输入的文案，如图1-55所示。

图1-53　　　　　　　　图1-54　　　　　　　　图1-55

05 按照步骤04的操作方式修改好第2句文案后，点击界面右上角的"导出"按钮 导出 ，进入导出设置界面，点击"无水印保存并分享"按钮，如图1-56和图1-57所示。

制作出的萌娃汉服写真短视频效果如图1-58和图1-59所示。

图1-56　　　　　　　　图1-57　　　　　　　　图1-58　　　　　　　　图1-59

提示

　　导出设置界面的底部有两个选项，当用户点击 按钮后，制作好的视频会自动保存至手机相册，通过这种方式保存的视频会带有"剪映"的水印；而当用户点击"无水印保存并分享"按钮后，视频会自动保存至手机相册并跳转至抖音的发布界面。

1.4.5　案例训练：制作节日祝福短视频

　　本案例介绍的是节日祝福短视频的制作方法，主要使用剪映的"剪同款"功能。下面介绍具体的操作方法。

01 打开剪映App，在主界面点击"剪同款"按钮，跳转至模板界面，如图1-60所示，在界面顶部的搜索栏中输入"节日祝福视频模板"进行搜索，找到该类型的短视频模板，如图1-61和图1-62所示。

图1-60　　　　　　　　　　图1-61　　　　　　　　　　图1-62

02 点击需要应用的视频模板进入播放界面，再点击界面右下角的"剪同款"按钮，如图1-63所示，进入素材选取界面，选好需要使用的素材，点击"下一步"按钮，如图1-64所示。

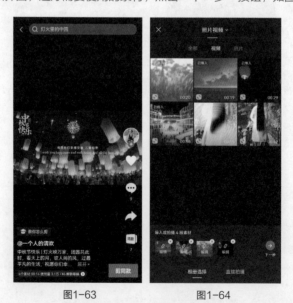

图1-63　　　　　　　　　　图1-64

03 进入视频编辑界面，点击素材缩览图中的"点击编辑"按钮，再在界面浮现的工具栏中点击"裁剪"按钮 ⊞，如图1-65和图1-66所示，在裁剪界面拖动裁剪框选取需要显示的视频片段，操作完成后点击界面右下角的"确认"按钮，如图1-67所示。

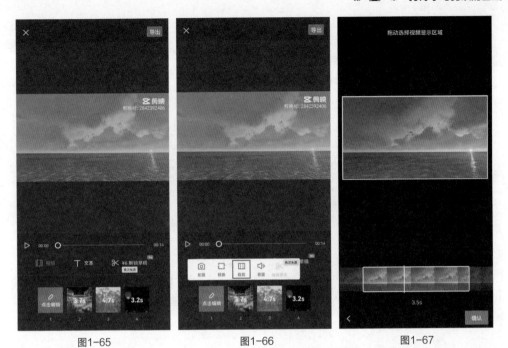

图1-65　　　　　　　　图1-66　　　　　　　　图1-67

04 点击页面右上角的"导出"按钮，将视频保存至相册，效果如图1-68和图1-69所示。

图1-68　　　　　　　　　　　　　图1-69

1.5 快速仿制视频的方法

　　仿制视频，顾名思义，就是仿照他人的创作思路来制作视频，这种方式非常适合新手，他们可能刚接触短视频创作，想制作视频却毫无头绪。下面为大家介绍使用剪映的"创作脚本"和"模板跟拍"功能仿制视频的方法。

1.5.1 使用"创作脚本"功能

　　剪映的"创作脚本"功能为用户提供了很多优质用户上传的脚本，用户可以选择自己需要使用的脚本，然后根据脚本上面的相关提示，上传视频素材和文案。

打开剪映App，在主界面点击"创作脚本"按钮🔲，如图1-70所示。

系统跳转至"创作脚本"界面，如图1-71所示，选择需要的分类和自己喜欢的视频脚本，切换到脚本的详情介绍界面，如图1-72所示，里面详细分析了该视频的脚本结构和创作思路，点击"去使用这个脚本"按钮，系统将自动提取该视频的脚本，点击该界面上的"添加"按钮 + 进行脚本的添加，如图1-73所示。

| 图1-70 | 图1-71 | 图1-72 | 图1-73 |

打开手机相册，如图1-74所示，点击需要使用的素材缩览图，进入视频裁剪界面，拖动裁剪框，选取需要显示的视频片段，点击"确定"按钮后继续点击"添加"按钮，可以进行脚本的添加，如图1-75和图1-76所示。

| 图1-74 | 图1-75 | 图1-76 |

按照脚本中的提示和上述操作方法添加余下的视频素材，输入相关文案后，点击界面右上角的"导入剪辑"按钮，进入视频编辑界面，为视频添加一首合适的背景音乐，如图1-77和图1-78所示。点击"导出"按钮，将仿制好的视频保存至手机相册。

图1-77　　　　　　　　　图1-78

1.5.2 使用"模板跟拍"功能

使用"模板跟拍"功能首先需要进入剪映的拍摄界面，然后打开模板选取界面，选择一款合适的模板进行拍摄。下面介绍具体的操作方法。

打开剪映App，在主界面点击"拍摄"按钮 ，如图1-79所示，进入拍摄界面，点击界面右侧的"模板"按钮 ，进入模板选取界面，选择需要的分类和自己喜欢的模板视频，然后点击"拍同款"按钮，如图1-80和图1-81所示。

图1-79　　　　　　　图1-80　　　　　　　图1-81

进入素材拍摄界面，点击"拍摄"按钮 ，仿照模板视频的画面拍摄视频素材，如图1-82所示。拍摄完成后，点击"确认并继续拍摄"按钮，如图1-83所示。

系统将自动为视频素材添加模板视频中的特效、音乐和字幕，如图1-84所示，点击"下一步"按钮，系统跳转至编辑界面，预览视频效果，确认无误后，即可点击"导出"按钮，将仿制好的视频保存至相册，如图1-85所示。

| 图1-82 | 图1-83 | 图1-84 | 图1-85 |

1.5.3 知识课堂：使用"提词器"功能实现脱稿录制

剪映的"提词器"功能是短视频创作者经常使用的一项功能，尤其是在制作口播类视频的时候，它可以帮助创作者实现脱稿录制，从而节省背诵文案的时间。

使用"提词器"功能的方法非常简单：打开剪映App，在主界面点击"提词器"按钮 ▣，如图1-86所示，进入文案编辑界面，输入需要提示的文案内容后，点击界面右上角的"去拍摄"按钮，如图1-87所示。

进入拍摄界面，输入的文案会在界面上方以滚动的形式播放，如图1-88所示，用户在录制视频时可以根据上方的提示朗诵文案，而录制完成的视频中不会出现文本内容；当用户点击界面上的"设置"按钮 ◉ 时，下方会浮现出一个"智能语速"弹窗，里面有"滚动速度""字体大小""字体颜色"三个选项，用户可以根据自己的需求进行设置，如图1-89所示。

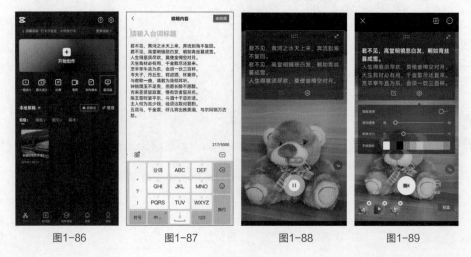

| 图1-86 | 图1-87 | 图1-88 | 图1-89 |

1.6 实现多设备同步编辑的"剪映云盘"

在用剪映编辑视频时，系统会自动将剪辑好的视频保存至草稿箱，可是草稿箱中的内容一旦删除就找不到了，为了避免这种情况发生，用户可以将重要的视频发布到云空间，这样不仅可以将视频备份存储，还可以实现多设备同步编辑。

01 启动剪映专业版软件，登录抖音账号，在草稿箱中勾选需要进行备份的视频，单击"上传"按钮 ☁，如图1-90所示。

02 在界面弹出的对话框中单击"开始备份"按钮，如图1-91所示。

图1-90

图1-91

03 将视频备份至云端后，单击"我的云空间"可以查看存储的视频项目，如图1-92所示。

04 在手机上打开剪映App，登录同一个剪映账号，在主界面点击"剪映云"按钮，如图1-93所示，进入"我的云空间"界面，可以看到之前备份的视频项目，如图1-94所示。

图1-92

图1-93

图1-94

05 点击视频缩览图中的"下载"按钮 ⬇，将视频下载至本地，在界面弹出的对话框中点击"前往编辑"按钮，如图1-95所示。

06 跳转至主界面后，可以看到该视频项目已下载至"本地草稿"，如图1-96所示。点击视频缩览图，即可打开视频编辑界面，在手机端继续进行后期编辑，如图1-97所示。

图1-95　　　　　　图1-96　　　　　　图1-97

1.7 跟着官方学剪映

创作短视频的人越多，新玩法就越多，稍不留神，就可能会落伍。所以，短视频创作一定要与时俱进，在制作短视频的同时要不断学习，了解最新、最潮、最酷的短视频是什么样的。下面介绍两个官方渠道供读者学习并了解最适合当下的短视频玩法。

1.7.1 关注剪映官方抖音号

从官方账号上学习短视频的制作方法可以避免被网上鱼龙混杂的各种教学带偏，毕竟官方账号的权威性和专业性是有保障的。抖音官方账号提供的内容不仅包括剪映短视频的制作教学，还包括抖音热门玩法、爆款视频剪辑技巧、剪映的新增功能等。

目前，剪映的抖音官方账号有"剪映""剪映教育旗舰店""剪映研究所""小映老师"，如图1-98至图1-101所示。读者可以在抖音视频界面上搜索并关注这些官方账号。

图1-98　　　　　　　　　　图1-99

图1-100　　　　　　　　　　图1-101

1.7.2 剪映的"创作课堂"

　　"创作课堂"是剪映专门建立的"学习中心"，里面包括很多剪辑技巧课程，如"关键帧""调色""转场""特效"等。很多讲师还会以直播的形式讲授剪辑技巧，对于刚入门的新手而言非常有帮助，直播过程中还经常会有活动，这是剪映官方对短视频创作者的一种回馈和鼓励。

　　用户只需要打开剪映App，点击界面底部的"创作课堂"图标 ，即可找到海量后期技巧教学资源，如图1-102和图1-103所示。

图1-102　　　　　　　　　　图1-103

> **提示**
>
> 　　创作课堂中有免费课程，也有付费课程，付费课程需要购买后才能进行学习。

第**2**章

掌握剪映App、剪映专业版的基础功能

　　本章主要讲解剪映的一些基础功能，包括时间线、轨道、导入素材、复制、替换、编辑、倒放、比例设置等，为后面的学习奠定良好的基础。

2.1 精准定位时间点的时间线

通过上一章的学习已经了解，时间线是时间轴中的重要元素，在视频剪辑过程中，熟练运用时间线可以精准定位时间点，极大地提高画面选择的精准度。

2.1.1 用时间线精准定位精彩瞬间

当从一个镜头中截取视频片段时，只需要在移动时间线的同时观察预览画面，通过画面内容来确定截取视频的开头和结尾。以图2-1和图2-2为例，利用时间线可以精准定位视频中人物从列车上走下的画面，从而确定截取的开头和结尾。

利用时间线定位视频画面几乎是所有后期剪辑中的必需操作。因为无论对哪一种后期效果来说，都需要确定其"覆盖范围"，而"覆盖范围"其实就是利用时间线来确定画面的起始时刻和结束时刻。

图2-1　　　　　　　　图2-2

2.1.2 让时间线快速大范围移动

在处理长视频时，由于时间跨度比较大，因此时间线从视频开头移动到视频结尾需要较长的时间。

遇到这种情况时，可以将视频轨道"缩短"（两个手指在屏幕上捏合），这样时间线移动较短距离，就能实现视频时间刻度的大范围跳转。

例如，在图2-3中，由于每一格的时间跨度为5秒，因此对于这个58秒的视频来说，将时间线从开头移动到结尾可以在极短的时间内完成。

另外，当轨道中有多个素材时，将时间轨道缩短后，每一段素材在界面上显示的"长度"也会变短，这样更便于调整视频排列顺序，如图2-4所示。

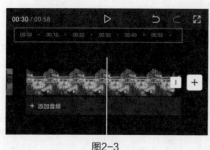

图2-3   图2-4

2.1.3 以帧为单位进行精准定位

动态视频其实就是快速连续播放多个静态画面来呈现的效果，而视频的每个静态画面被称为"帧"。

在剪映App的时间轴中，将时间轴拉长到一定程度（两个手指在屏幕上分开）后，时间刻度将会以帧为单位显示。

手机录制视频的帧率一般为30帧/秒，也就是每秒连续录制30个画面。所以，当将视频轨道拉至最长时，每一帧画面都会显示出来，这样可以极大地提高画面选择的精准度。

例如，图2-5所示的画面和图2-6所示的画面就存在细微差别，人物之间的距离、人物的位置及女孩手臂张开的幅度都有变化。在拉长轨道后，可以利用时间线从这细微的变化中进行画面的选取。

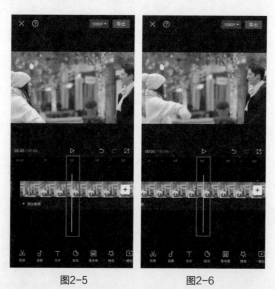

图2-5   图2-6

2.2 时间线操作大变样的剪映专业版

在剪映专业版中，时间线的使用逻辑和剪映App中是一样的，只是两者的操作方法不同。

在剪映专业版中，用户需要将鼠标指针置于时间线上，然后按住鼠标左键拖动，才能对时间线进行移动。而时间线定位的时间点不同，预览区显示的画面也会不同，如图2-7和图2-8所示。

　　由于剪映专业版的界面较大，时间轴的面积也较大，因此，可以轻松地对剪映专业版中的时间线进行大范围移动。

图2-7　　　　　　　　　　　　　　　　　　　图2-8

　　另外，倘若需要在剪映专业版中将视频轨道拉长，使时间刻度以帧为单位显示，可以利用时间轴右上角的滑动条 进行调节，单击 按钮可以将轨道拉长，单击 按钮可以将轨道缩短，如图2-9和图2-10所示。

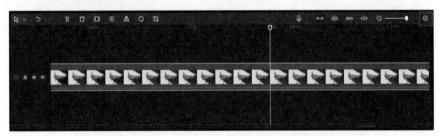

图2-9

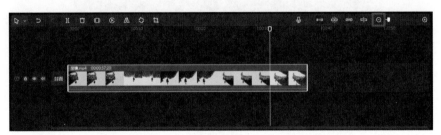

图2-10

2.3 视频剪辑其实就是编辑各种轨道

　　在视频剪辑的过程中，绝大多数时间都用于处理轨道。因此，掌握了轨道操作的方法，就迈出了视频后期剪辑的第一步。

2.3.1 调整素材的顺序

利用时间轴中的轨道可以快速调整多段视频的排列顺序，具体操作如下。

首先缩短时间轴，让每一段视频都能显示在编辑界面中，如图2-11所示。然后长按需要调整位置的视频片段，并将其拖曳到目标位置，如图2-12所示。当手指离开屏幕时，即可完成视频素材顺序的调整，如图2-13所示。

| 图2-11 | 图2-12 | 图2-13 |

这种方法也可以用来调整其他轨道上素材的顺序或者改变素材所在的轨道。以图2-14所示的两条音频轨道为例，如果想调整两个音频轨道的顺序，可以长按第一条音频轨道，并将其移动至第二条音频轨道的下方，如图2-15所示。

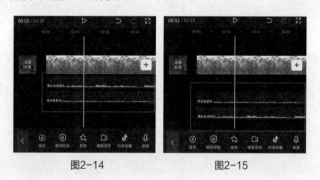

| 图2-14 | 图2-15 |

2.3.2 调节视频片段的时长

在后期剪辑时，经常会出现需要调整视频长度的情况，下面介绍快速调节的方法。

选中需要调节长度的视频片段，如图2-16所示。拖动左侧或右侧的白色边框，即可增加或缩短视频片段的时长。拖动时，视频片段的时长会在左上角显示，如图2-17所示。

当调整视频片段边框至时间线附近时，会产生吸附效果，如图2-18所示。可以提前确定好时间线所在的位置，以便精准地调节视频片段。

图2-16　　　　　　图2-17　　　　　　图2-18

提示

在剪映中调整视频片段时长时需要注意，无论是延长素材还是缩短素材都需要在有效范围内进行，延长素材时不可以超过素材本身的时间长度，也不可以过度缩短素材。

2.3.3 调整效果的覆盖范围

无论是添加文字，还是添加音乐、滤镜、贴纸等效果，都需要确定其覆盖范围，也就是确定从哪个画面开始，到哪个画面结束。

以图2-19所示的特效为例，首先移动时间线确定应用该效果的起始画面，然后点击效果片段，使其边缘出现白色边框，拖曳效果片段左侧的边框，当效果片段边框移动到时间线附近时，就会被吸附过去，自动与时间线对齐，如图2-20所示。

图2-19　　　　　　　　　图2-20

接下来移动时间线至应用该效果的结束画面，如图2-21所示。拖动效果片段右侧的边框部分，同样，效果片段边框被拖动至时间线附近时，就会被自动吸附过去，所以不用担心是否能对齐，如图2-22所示。

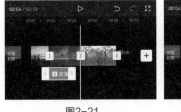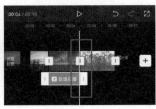

图2-21　　　　　　　　　图2-22

2.3.4 让一段视频包含多种效果

当一段视频在同一时间段内具有多个轨道时，如滤镜轨道、特效轨道、贴纸轨道等，那么在播放这段视频时，就可以同时加载覆盖这段视频的一切效果，最终呈现出丰富多彩的视频画面，如图2-23所示。

需要注意的是，当在同一时间点添加多种效果至不同轨道时，因为轨道的显示区域有限，所以效果轨道可能会以彩色线条的形式出现在轨道区域。例如，图2-23所示的贴纸效果就是以橙色线条的形式呈现的。如果需要再次选择效果轨道进行编辑，可在底部工具栏中点击相应的功能按钮。

图2-23

2.4 剪映专业版轨道的编辑方法

正如前面所说的，剪映专业版和剪映App的使用逻辑基本是一致的，只是操作方法有所不同，在轨道的编辑上也是如此。

在剪映专业版中，如果想调节视频片段的长度，需要在时间轴中选中视频片段，使其边缘出现白色边框，如图2-24所示，将鼠标指针置于素材的右侧边框上，按住鼠标左键，将其向左移动，即可缩短视频长度，如图2-25所示。同理，若将其向右移动，即可延长视频片段的长度。

图2-24

图2-25

如果想快速调整多段视频的排列顺序，可以直接选中需要调整位置的视频片段，如图2-26所示，然后按住鼠标左键拖曳，将其移动到目标位置即可，如图2-27所示。

图2-26　　　　　　　　　　　　　图2-27

提示

　　在剪映专业版中，调整效果片段覆盖范围的操作方法与调整视频长度的方法一致，直接使用鼠标移动效果片段的边框部分即可。

2.5 添加素材

　　添加素材是视频编辑处理中的基础操作，也是新手需要优先学习的内容。下面为大家介绍在剪映中添加素材的具体操作方法。

2.5.1 剪映App中添加素材的基本方法

　　剪映App作为一款手机端应用，它与PC端常用的Premiere、会声会影等剪辑软件有许多相似之处。例如，在素材的轨道分布上，剪映App同样做到了一类素材对应一个轨道。

　　打开剪映App，在主界面点击"开始创作"按钮 ⊞，如图2-28所示，打开手机相册，选择一个或多个视频或图像素材，完成选择后，点击界面底部的"添加"按钮，如图2-29所示。进入视频编辑界面后，可以看到选择的素材分布在同一条轨道上，如图2-30所示。

图2-28　　　　　　　图2-29　　　　　　　图2-30

在剪映App中，用户除了可以添加手机相册中的视频和图像素材，还可以选择剪映素材库中的视频及图像素材。

在图2-31所示的界面中点击时间轴中的添加按钮[+]，在素材添加界面选择"素材库"选项，如图2-32所示，用户可以在素材库中选择需要使用的素材，完成选择后，点击"添加"按钮，进入视频编辑界面，可以看到所选的素材已经添加至时间轴中，如图2-33所示。

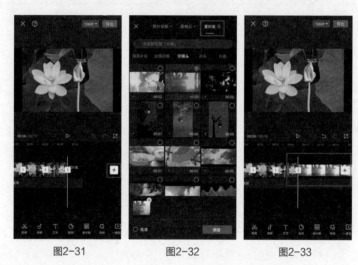

图2-31   图2-32   图2-33

2.5.2 剪映专业版中添加素材的基本方法

在剪映专业版中添加素材，首先需要创建一个剪辑项目，再打开素材所在的文件夹并导入素材。下面介绍具体的操作方法。

01 打开剪映专业版软件，在首页上单击"开始创作"按钮 开始创作，如图2-34所示。

02 进入视频编辑界面，此时已经创建了一个视频剪辑项目，单击"导入"按钮 导入，如图2-35所示。

图2-34

图2-35

03 在打开的"请选择媒体资源"对话框中打开素材所在的文件夹，选择需要使用的图像或视频素材，选择完成后单击"导入"按钮，如图2-36所示。

完成上述操作后，选择的素材将导入剪映专业版的本地素材库中，如图2-37所示，用户可以随时调用素材进行编辑处理。

图2-36

图2-37

04 将本地素材库中的图片素材拖入时间轴中，如图2-38所示，这样就完成了素材的调用。

图 2-38

> **提示**
>
> 若需要添加素材库和素材包中的素材，可以直接单击"素材库"或"素材包"按钮，在其选项栏中选择需要添加的素材，按照上述操作方法将素材拖入时间轴中即可。

2.5.3 案例训练：制作美食混剪短视频

本案例介绍的是美食混剪短视频的制作方法，主要使用剪映的"素材库"和"素材包"功能。下面介绍具体的操作方法。

01 打开剪映App，在主界面点击"开始创作"按钮+，打开手机相册，在该界面上选择8张美食图像素材，完成选择后，点击界面底部的"添加"按钮，如图2-39和图2-40所示。

图2-39　　　　　　　　　　　图2-40

02 进入视频编辑界面，选中第1段素材，将时间线定位至00:01处，将图像素材右侧的白色边框向左拖动，使素材的时长缩短至1s，如图2-41和图2-42所示。

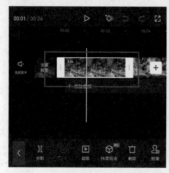
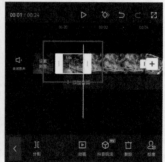

图2-41　　　　　　　　　　　图2-42

03 参照步骤02的操作方法，将余下7段素材的时长都调整为1s。将时间线定位至视频的起始位置，点击底部工具栏中的"素材包"按钮 📷，如图2-43所示，在"片头"选项中选择图2-44所示的视频片段，然后点击界面右上角的 ✅ 按钮。

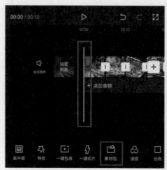

图2-43　　　　　　　　　　　图2-44

04 在时间轴中选中片头素材，将其右侧的白色边框向左拖动，使片头素材的长度与第1段素材的长度保持一致，如图2-45所示。将时间线定位至视频的结尾处，点击界面右侧的添加按钮 ⊞，如图2-46所示。

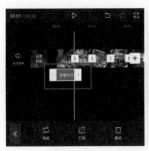 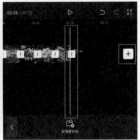

图2-45　　　　　　　　　　图2-46

05 在素材添加界面选择"素材库"选项，在"片尾"选项中选择图2-47所示的素材，完成选择后，点击"添加"按钮，进入视频编辑界面，可以看到所选的素材已经添加至时间轴中，如图2-48所示。

图2-47　　　　　　　　　　图2-48

06 为视频添加一首合适的背景音乐，添加完成后点击"导出"按钮 导出 ，即可将视频保存至相册，效果如图2-49和图2-50所示。

图2-49　　　　　　　　　　图2-50

2.6 "分割"和"删除"功能让视频剪辑更灵活

即使是最出色的摄像师，也无法保证录制的每一帧画面都会在最终的视频中出现。当需要从视频中删除某部分内容时，就需要使用"分割"和"删除"功能。

2.6.1 利用"分割"和"删除"功能截取精彩片段

在导入一段素材后，往往需要截取出需要的部分，当然，选中视频片段，然后拖动白色边框同样可以达到截取片段的目的，但在实际操作过程中，该方法的精准度不是很高，因此，如果需要精准截取片段，最好的办法就是使用"分割"功能。

在剪映App中使用"分割"功能的方法很简单，首先将时间线定位至需要进行分割的时间点，如图2-51所示，接着选中需要进行分割的素材，在底部工具栏中点击"分割"按钮**Ⅱ**，即可将选中的素材在时间线所在位置一分为二，如图2-52和图2-53所示。

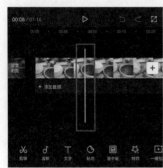 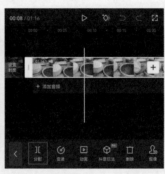 

图2-51 　　　　　　　　　图2-52 　　　　　　　　　图2-53

在时间线区域选中分割出来的后半段素材，在底部工具栏中点击"删除"按钮**▣**，即可将选中的素材片段删除，如图2-54和图2-55所示。

图2-54 　　　　　　　　　图2-55

2.6.2 知识课堂：使用"删除"功能解决黑屏片尾问题

在剪映App中剪辑出来的视频都会带有一个抖音片尾，而"删除"功能可以去除这个片尾。

下面介绍具体的操作方法。

在本地草稿中打开一个带有片尾的剪辑项目，如图2-56所示，在时间轴中选中片尾，点击底部工具栏中的"删除"按钮 🗑，即可一键将片尾去除，如图2-57和图2-58所示。

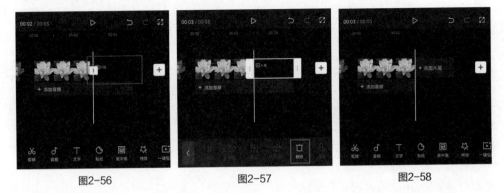

图2-56　　　　　　　　　图2-57　　　　　　　　　图2-58

倘若删除之后用户又想添加片尾，可以在时间轴中点击"添加片尾"按钮，即可将片尾重新添加至轨道中。

2.6.3 剪映专业版中"分割"和"删除"功能的使用方法

在剪映专业版中，当用户需要对素材进行分割时，首先要在时间轴中选中素材，然后将时间线定位至需要进行分割的时间点，在常用功能区单击"分割"按钮 ⅠⅠ，即可将素材一分为二，如图2-59和图2-60所示。

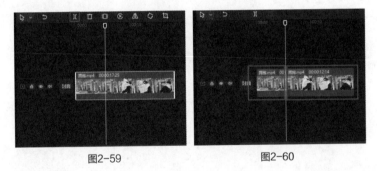

图2-59　　　　　　　　　图2-60

分割后选中分割出来的后半段素材，在常用功能区单击"删除"按钮 🗑，即可将选中的素材片段删除，如图2-61和图2-62所示。

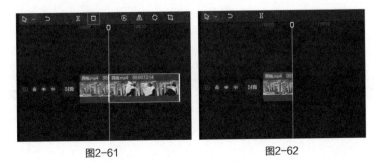

图2-61　　　　　　　　　图2-62

　　一段原本5秒的视频被分割截取成2秒后，选中该段2秒的视频，并拖动其白色边框，依然能够将其恢复成5秒的视频。因此，分割并删除无用的片段后，那部分片段并不会彻底"消失"。所以用户在操作时需要格外小心，因为如果不小心拖动了被分割视频的白色边框，被删除的部分就会重新出现。如果没有及时发现，很有可能会影响接下来的一系列操作。

2.6.4 案例训练：制作《校园回忆》短视频

　　本案例介绍的是《校园回忆》短视频的制作方法，主要使用剪映的"分割"和"删除"功能。下面介绍具体的操作方法。

01 打开剪映App，导入16段关于校园生活的视频素材，如图2-63所示，将时间线移动至00:05的位置，选中第1段素材，点击底部工具栏中的"分割"按钮█，选中后半段素材，点击"删除"按钮█，将后半段素材删除，如图2-64和图2-65所示。

图2-63　　　　　　　　　　图2-64　　　　　　　　　　图2-65

02 参照步骤01的操作方法，将余下的视频素材分割，并删除多余的片段。将时间线定位至视频的起始位置，点击界面右侧的"添加"按钮█，如图2-66所示，在素材添加界面选择"素材库"选项，在"片头"选项中选择图2-67所示的素材，完成选择后，点击"添加"按钮，进入视频编辑界面，点击"关闭原声"按钮█，如图2-68所示。

03 将时间线移动至视频的结尾处，选中片尾，点击底部工具栏中的"删除"按钮█，如图2-69所示，将剪映自带的片尾删除，再点击底部工具栏中的"素材包"按钮█，如图2-70所示。

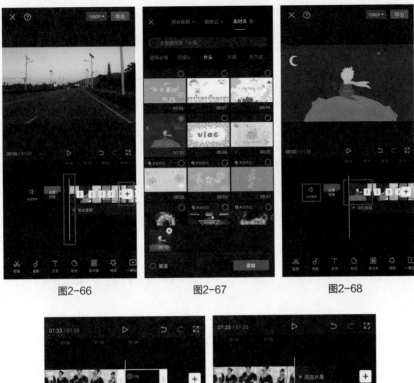

图2-66　　　　　　　　　　图2-67　　　　　　　　　　图2-68

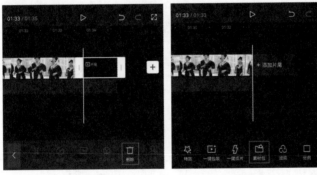

图2-69　　　　　　　　　　　　图2-70

04 打开素材包选项栏，在"片尾"选项中选择图2-71所示的视频片段，点击界面右上角的 ☑
按钮，即可为视频更换一个新的片尾，如图2-72所示。

图2-71　　　　　　　　　　　图2-72

05 为视频添加一首合适的背景音乐，添加完成后点击"导出"按钮 ![导出]，即可将视频保存至相册，效果如图2-73和图2-74所示。

图2-73

图2-74

2.7 使用"复制"功能一键添加同一素材

在视频编辑过程中，如果需要多次使用同一个素材，重复导入素材是一件比较麻烦的事情，而使用"复制"功能添加素材可以有效地节省工作时间。

在项目中导入一段素材，并使该素材处于选中状态，点击底部工具栏中的"复制"按钮 ![复制]，即可在时间轴中复制出一段同样的素材，如图2-75和图2-76所示。

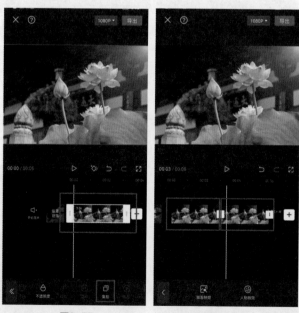

图2-75   图2-76

剪映的"复制"功能不仅可以复制素材，还可以复制特效、滤镜、贴纸等效果，操作方法与复制素材的方法一致。以图2-77所示的特效为例，在时间轴中选中该特效，点击底部工具栏中的"复制"按钮 ![复制]，即可在时间轴中复制出一段同样的特效，如图2-78所示。

图2-77　　　　　　图2-78

2.8 使用"替换"功能一键更换老旧素材

替换素材是视频剪辑中的一项必备技能，它能够帮助用户打造出更符合心意的作品。在进行视频编辑处理时，如果用户对某部分的画面效果不满意，直接删除该素材可能会对整个剪辑项目产生影响。为了在不影响剪辑项目的前提下更换不满意的素材，可以使用剪映的"替换"功能。

在时间轴中选中需要替换的素材片段，在底部工具栏中点击"替换"按钮 ⮂，如图2-79所示。接着进入素材选取界面，点击用于替换的素材，即可完成替换，如图2-80和图 2-81所示。

图2-79　　　　　　图2-80　　　　　　图2-81

如果用于替换的素材未能铺满画布，可以选中素材，然后在预览区通过捏合双指来调整画面大小。值得注意的是，如果替换的是视频素材，那么所选择的新素材的时长不能短于被替换素材的时长。

2.9 剪映专业版那些隐藏在鼠标右键中的功能

在剪映App中，"复制"和"替换"功能都可以直接在底部工具栏中找到，但是在剪映专业版的常用功能区找不到这两个选项，那么在使用剪映专业版进行剪辑时，如果用户需要使用"复制"和"替换"功能，该如何操作呢？

在剪映专业版中，无论是对素材进行复制还是替换，首先都需要在时间轴中选中需要复制或替换的素材，然后单击鼠标右键，时间轴中会浮现出一个弹窗，如图2-82所示，可以看到其中包含"复制"和"替换片段"功能。

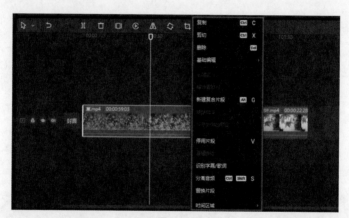

图2-82

如果需要复制素材，可以直接选择"复制"选项，再单击鼠标右键，在界面浮现的弹窗中选择"粘贴"选项，即可在时间轴中复制出一段同样的素材，如图2-83和图2-84所示。

图2-83

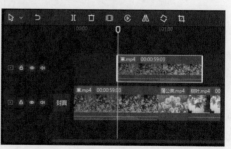

图2-84

如果需要替换素材，可以直接选择"替换片段"选项，然后在打开的"请选择媒体资源"对话框中打开素材所在的文件夹，选择需要导入的视频文件，单击"导入"按钮，如图2-85所示，再在弹出的"替换"对话框中单击"替换片段"按钮，如图2-86所示。

图2-85　　　　　　　　　　　　　　　　　图2-86

执行上述操作后，选中的素材会被替换成新的素材，如图2-87所示。

图2-87

提示

除了上述复制素材的方法外，用户还可以在选中素材后按快捷键Ctrl+C和Ctrl+V来复制粘贴素材。在剪映专业版中，部分操作可以直接使用快捷键完成，这样可以提高剪辑效率。本书的附录对剪映专业版的快捷键进行了总结，大家可以对照学习。

2.10 设置符合画面内容的视频比例

画幅比例是用来描述画面宽度与高度关系的一组对比数值。合适的画幅比例不仅可以带给观众更好的视觉体验，还可以改善构图，将信息准确地传递给观众，从而与观众建立更好的连接。

2.10.1 剪映App中调整画幅比例的方法

剪映App为用户提供了多种画幅比例，用户可以根据自身的视觉习惯和画面内容进行选择。

在未选中任何素材的状态下，点击底部工具栏中的"比例"按钮 ▣，打开比例选项栏，在这里用户可以看到多个比例选项，如图2-88和图2-89所示。

在比例选项栏中点击任意一个比例选项，即可在预览区看到相应的画面效果。如果没有特殊的视频制作要求，建议大家选择9∶16或16∶9，如图2-90和图2-91所示，因为这两种比例更符合一些常规短视频平台的上传要求。

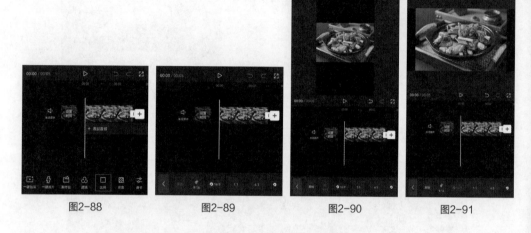

| 图2-88 | 图2-89 | 图2-90 | 图2-91 |

2.10.2 剪映专业版中调整画幅比例的方法

剪映专业版中调整画幅比例的功能名称与剪映App中不一样，用户如果想在剪映专业版中调整画幅比例，需要在预览区的右下角单击"适应"按钮 ▣▣，打开比例选项栏，如图2-92所示。在比例选项栏中选择不同的比例选项，即可在预览区看到不同的画面效果。

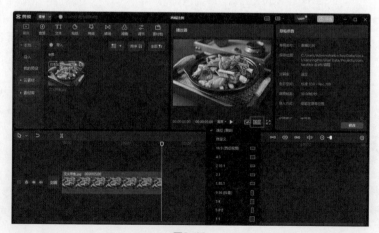

图2-92

选择其中的"自定义"选项，即可打开"草稿设置"对话框，用户可以在对话框中根据自己的需求设置长和宽的数值，如图2-93所示。设置完成后，单击"保存"按钮，即可在预览区看到相应的画面效果，如图2-94所示。

图2-93 图2-94

2.11 可以对视频画面进行二次构图的"编辑"功能

编辑视频总是离不开画面调整这个步骤，因为拍摄的画面中难免会出现一些多余的内容，所以需要在后期剪辑时进行调整，使整个画面更协调。

2.11.1 利用"编辑"功能满足多重观看需求

剪映的"编辑"功能对于不知道如何构图取景的用户来说是很实用的，因为在视频编辑中，合理地编辑画面可以起到"二次构图"的作用。剪映的编辑选项栏中包含"裁剪""旋转""镜像"三个选项。

1. 裁剪

在时间轴中选中需要裁剪的素材，然后在底部工具栏中点击"编辑"按钮，打开编辑选项栏，点击"裁剪"按钮，如图2-95和图2-96所示。

图2-95 图2-96

剪映的"裁剪"功能包含几种不同的裁剪模式，选择不同的裁剪比例，可以将画面裁剪出不同的效果，如图2-97至图2-99所示。

裁剪框下方分布的刻度线可以用来调整旋转角度，拖动滑块可以使画面沿顺时针或逆时针方向旋转，如图2-100所示。在完成画面的裁剪操作后，点击右下角的 ✓ 按钮可以保存画面。如果不满意裁剪效果，可点击左下角的"重置"按钮。

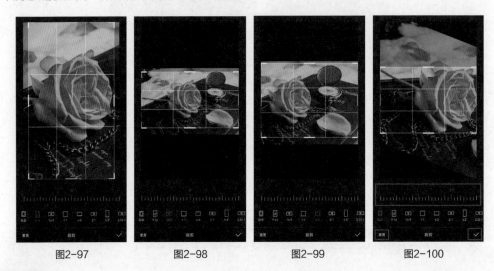

| 图2-97 | 图2-98 | 图2-99 | 图2-100 |

提示

用户在进行裁剪时，可以在"自由"模式下通过拖动裁剪框的一角来将画面裁剪为任意比例大小。在其他模式下，也可以通过拖动裁剪框来改变区域的大小，但裁剪比例不会发生改变。

2. 旋转

在时间轴中选中需要旋转的素材，然后点击底部工具栏中的"编辑"按钮 ▣，接着在编辑选项栏中点击"旋转"按钮 ◳，即可对画面进行顺时针旋转，如图2-101和图2-102所示。与手动调整不同，使用"编辑"功能旋转画面不会改变画面的大小。

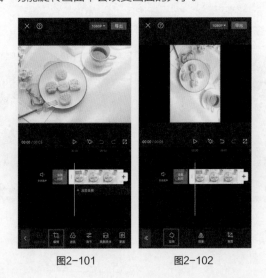

| 图2-101 | 图2-102 |

3. 镜像

剪映的"镜像"功能可以轻松地将素材画面翻转，操作方法很简单。在轨道区域选中需要翻转的素材，然后在底部工具栏中点击"编辑"按钮■，接着在编辑选项栏中点击"镜像"按钮◭，即可将素材画面镜像翻转，如图2-103和图2-104所示。

图2-103   图2-104

2.11.2 知识课堂：在剪映中手动调整画面

在剪映中手动调整画面很方便，用户可以自由地调整画面大小或对画面进行旋转，这种方式能有效帮助用户节省操作时间，具体操作如下。

1. 手动调整画面大小

在轨道区域选中需要调整的素材，然后在预览区通过开合双指来调整画面。分开双指可以将画面放大，捏合双指可以将画面缩小，如图2-105和图2-106所示。

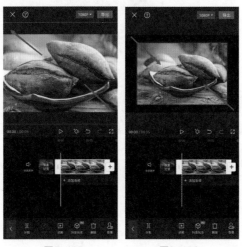

图2-105   图2-106

2. 手动旋转视频画面

在时间轴中选中素材，然后在预览区通过旋转双指完成画面的旋转，双指的旋转方向即画面的旋转方向，如图2-107和图2-108所示。

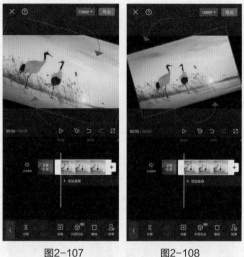

图2-107　　　　　　　　图2-108

2.11.3 剪映专业版中"编辑"功能的使用方法

与剪映App不同，在剪映专业版中是无法直接找到"编辑"功能的，因为剪映专业版将"编辑"功能的三个选项（即"镜像""旋转""裁剪"）独立出来放在了常用功能区，当用户在时间轴中选中需要编辑的素材时，即可在常用功能区找到这三个选项，如图2-109所示。

操作方法非常简单，当用户需要对素材进行镜像、旋转或裁剪操作时，直接在时间轴中选中素材，再在常用功能区单击相应的功能按钮即可。图2-110所示为单击"镜像"按钮 ⚠ 后的画面效果，图2-111所示为单击"旋转"按钮 ⟳ 后的画面效果。

图2-109　　　　　　　图2-110　　　　　　　图2-111

需要注意的是，无论是在剪映App中还是在剪映专业版中，"旋转"功能都只能沿顺时针方向对画面进行90°旋转。如果想对画面进行任意角度的旋转，在剪映App中可以选择手动旋转，而在剪映专业版中则可以通过操控 ⟳ 按钮来旋转画面。用户只需在时间轴中选中需要旋转的素材，然后在预览区将鼠标指针置于 ⟳ 按钮上，按住鼠标左键拖动，即可对素材进行旋转，如图2-112和图2-113所示。

图2-112　　　　　　　　　　　　　图2-113

当用户单击"裁剪"按钮▣时，界面上会弹出一个"裁剪"对话框，其底部有"旋转角度"和"裁剪比例"两个选项。用户可以通过拖动底部滑块或单击▣按钮对画面进行任意角度的旋转，如图2-114所示。

当用户单击底部的▣按钮时，对话框中会浮现出一个裁剪比例的弹窗，选择不同的比例选项，可以裁剪出不同的画面效果，如图2-115所示。

图2-114　　　　　　　　　　　　　图2-115

2.11.4　案例训练：打造盗梦空间效果

本案例介绍的是盗梦空间效果的制作方法，主要使用剪映的"比例"和"镜像"功能。下面介绍具体的操作方法。

01　打开剪映App，在素材添加界面选择一段"城市夜景"的视频素材并将其添加至剪辑项目中，然后在底部工具栏中点击"比例"按钮▣，选择9：16的比例，如图2-116和图2-117所示。

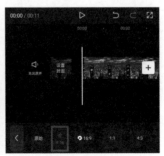

图2-116　　　　　　　　　　　　　图2-117

02 点击"画中画"按钮 ▣，再点击"新增画中画"按钮 ▣，进入素材添加界面，导入同一段视频素材，如图2-118和图2-119所示。

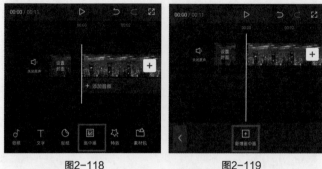

图2-118　　　　　　　　　图2-119

03 在时间轴中选中画中画素材，点击"编辑"按钮 ▣，在编辑选项栏中点击"镜像"按钮 ◭，如图2-120和图2-121所示。

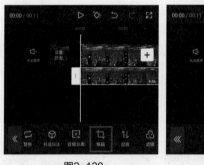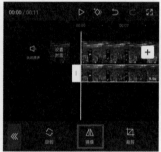

图2-120　　　　　　　　　图2-121

01 在预览区将画中画素材逆时针旋转180°，如图2-122所示，然后调整好视频大小，使其与原视频重合，如图2-123所示。

图2-122　　　　　　　　　图2-123

05 在预览区将画中画素材移动至显示区域的上方，将原视频移动至显示区域的下方。

06 为视频添加一首合适的背景音乐，添加完成后点击"导出"按钮 导出，即可将视频保存至相册，效果如图2-124所示。

图2-124

2.12 可以使时光倒流的"倒放"功能

使用"倒放"功能可以让视频从后往前播放。当视频记录的是一些随时间发生变化的画面时，如花开花落、日出日落等，应用"倒放"功能可以营造出一种时光倒流的视觉效果。

2.12.1 "倒放"功能的使用方法

倒放效果非常常见，使用方法很简单，下面通过制作河水倒流效果来讲解"倒放"功能的使用方法。

在剪映App中导入一段河流的视频素材，进入视频编辑界面，点击底部工具栏中的"剪辑"按钮，如图2-125所示，滑动工具栏，找到并点击"倒放"按钮，如图2-126所示。操作完成后，在视频编辑界面点击▶按钮预览素材效果，即可看到视频以倒放的形式进行播放。

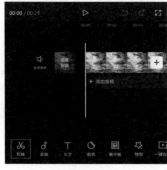

图2-125

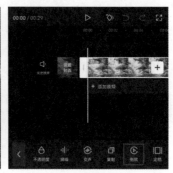

图2-126

2.12.2 案例训练：打造时光回溯效果

　　本案例介绍的是时光回溯效果的制作方法，主要使用剪映的"复制"和"倒放"功能。下面介绍具体的操作方法。

01 打开剪映App，在素材添加界面选择一段"杯子破碎"的视频并将其添加至剪辑项目中，将时间线定位至杯子破碎的位置，选中素材，点击底部工具栏中的"分割"按钮 Ⅱ，再点击"删除"按钮 🔲，将分割出来的后半段素材删除，如图2-127和图2-128所示。

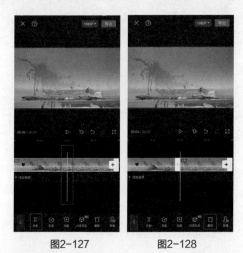

图2-127　　　　　　　　图2-128

02 将时间线定位至视频的尾端，选中素材，点击底部工具栏中的"复制"按钮 🔲，如图2-129所示。选中复制的素材，点击底部工具栏中的"倒放"按钮 C，如图2-130所示。

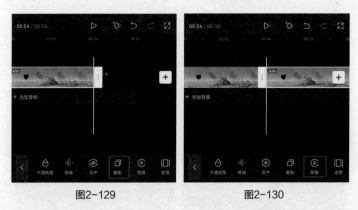

图2-129　　　　　　　　图2-130

03 为视频添加一首合适的背景音乐，添加完成后即可点击"导出"按钮 导出，将视频保存至相册，效果如图2-131和图2-132所示。

图2-131

图2-132

2.13 一键更换视频背景

在进行视频编辑工作时，若素材画面没有铺满画布，可能会对视频观感产生影响。在剪映中，用户可以使用"背景"功能来添加彩色画布、模糊画布或自定义图案画布，以达到丰富画面效果的目的。

2.13.1 为视频添加彩色画布背景

在剪辑项目中添加一个横画幅图像素材，在未选中任何素材的状态下，点击底部工具栏中的"比例"按钮 ▇，如图2-133所示。打开比例选项栏，选择9：16选项，如图2-134所示。

由于画面比例发生改变，因此素材画面出现了未铺满画布的情况，上下均出现黑边，这非常影响观感，若此时在预览区将素材画面放大，使其铺满画布，则会造成画面内容的缺失，如图2-135所示。

想在不丢失画面的前提下铺满画布，可进行如下操作。

在未选中素材的状态下，点击底部工具栏中的"背景"按钮 ▨，如图2-136所示。

图2-133

图2-134

图2-135

图2-136

打开背景选项栏，点击"画布颜色"按钮 ▨，如图2-137所示。接着在打开的"画布颜色"选项栏中点击任意一种颜色，即可将该颜色应用到画布，如图2-138所示，操作完成后点击右下角的 ✓ 按钮即可。

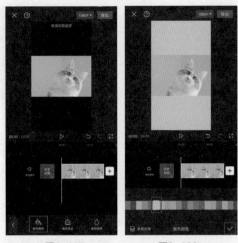

图2-137 图2-138

提示

若想为画布统一设置颜色，可在选择颜色后点击"全局应用"按钮🗃。

2.13.2 应用画布样式

在剪映中，用户除了可以为素材设置纯色画布，还可以应用画布样式营造个性化视频效果。应用画布样式的方法很简单，在未选中素材的状态下，点击底部工具栏中的"背景"按钮▨，如图2-139所示。

接着在打开的背景选项栏中点击"画布样式"按钮▦，如图2-140所示。在打开的"画布样式"选项栏中点击任意一种样式，即可将该样式应用到画布，如图2-141所示。

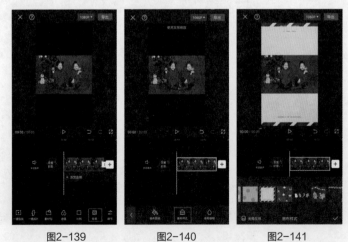

图2-139 图2-140 图2-141

提示

若不需要应用画布样式效果，在"画布样式"选项栏中点击◙按钮即可。

2.13.3 设置模糊画布

前面为大家介绍的两类画布均为静态效果画布。若用户在添加完视频素材后，想让画布背景跟随画面产生动态效果，可以设置模糊画布，以丰富画面、增强画面动感。

在剪映App中添加一段视频素材，在未选中任何素材的状态下，点击底部工具栏中的"背景"按钮 ▨，如图2-142所示。接着在打开的背景选项栏中点击"画布模糊"按钮 ◐，如图2-143所示。在打开的"画布模糊"选项栏中，可以看到剪映为用户提供了4种不同的模糊效果，点击任意一种效果，即可将其应用到项目中，如图2-144所示。

图2-142   图2-143   图2-144

2.13.4 知识课堂：自定义画布样式

若用户对剪映内置的画布样式效果不满意，可以在本地相册中选择喜欢的素材并将其设置为背景画布。

在剪映App中添加一段素材，在未选中任何素材的状态下，点击底部工具栏中的"背景"按钮 ▨，接着在打开的背景选项栏中点击"画布样式"按钮 ▦，如图2-145所示。再在打开的"画布样式"选项栏中点击 ▣ 按钮，打开相册列表，选择需要的素材并将其应用到项目中即可，如图2-146和图2-147所示。

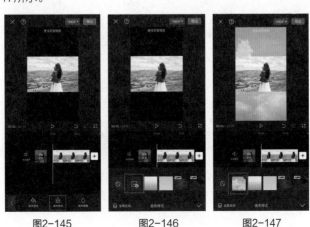

图2-145   图2-146   图2-147

2.13.5 剪映专业版中更换视频背景的方法

　　剪映专业版的"背景"功能位于素材调整区。首先在剪辑项目中添加一个横画幅图像素材，单击预览区右下角的"适应"按钮 ▣，打开比例选项栏，选择9：16选项。然后在时间轴中选中素材，在素材调整区单击"背景"按钮，再单击 ▼ 按钮，在"背景填充"下拉列表中可以看到"无""模糊""颜色""样式"4个选项，如图2-148所示。

　　当用户选择"模糊"选项后，可以看到剪映为用户提供的4种不同的背景模糊效果，选择其中任意一种效果，即可将其应用到项目中，如图2-149所示。

图2-148

图2-149

　　设置背景样式或颜色的操作与上述设置背景模糊效果的操作方法一致，在"背景填充"下拉列表中选择"样式"或"颜色"选项，即可打开相应的选项栏，在选项栏中单击所需的样式或颜色的缩略图，即可将选择的效果应用到项目中。图2-150为应用了背景样式的效果示意图，图2-151为应用了背景颜色的效果示意图。

图2-150

图2-151

2.13.6 综合训练：校园写真集

　　本案例介绍的是校园写真集的制作方法，主要使用剪映的"编辑""背景""分割""踩点"功能。下面介绍具体的操作方法。

　　01 在剪映App中添加多张校园写真的图像素材，选中第1段素材，点击底部工具栏中的"编辑"按钮 ▣，打开编辑选项栏，点击"裁剪"按钮 ▣，选择4：3选项，点击 ☑ 按钮保存图像，如图2-152和图2-153所示。

| 图2-152 | 图2-153 |

02 参照步骤01的操作，将余下素材统一按照4：3的比例进行裁剪。在未选中任何素材的状态下，点击底部工具栏中的"比例"按钮■，打开比例选项栏，选择9：16选项，如图2-154和图2-155所示。

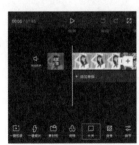

| 图2-154 | 图2-155 |

03 在未选中任何素材的状态下，点击底部工具栏中的"背景"按钮▨，打开背景选项栏，点击"画布模糊"按钮◐，如图2-156所示，选择其中任意一种模糊效果，点击左下角的"全局应用"按钮▣，并点击✓按钮保存，如图2-157所示。

| 图2-156 | 图2-157 |

04 将时间线置于视频的起始位置，点击时间轴中的"添加音频"按钮，如图2-158所示，再在底部工具栏中点击"音乐"按钮◉，如图2-159所示。进入剪映音乐库，在"卡点"分类中选择图2-160所示的背景音乐。

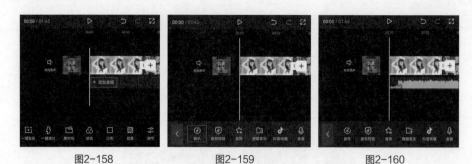

| 图2-158 | 图2-159 | 图2-160 |

05 在时间轴中选中音乐素材，点击底部工具栏中的"踩点"按钮 🎵，如图2-161所示。在界面浮现的选项栏中点击"自动踩点"按钮，选择"踩节拍Ⅱ"选项，点击 ✓ 按钮保存，如图2-162所示。在时间轴中根据音频的节拍点对素材进行分割，使每段素材都置于两个节拍点中间，如图2-163所示。

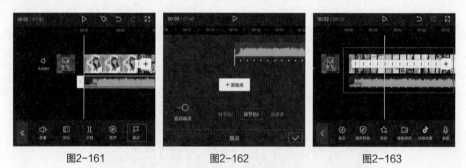

| 图2-161 | 图2-162 | 图2-163 |

06 点击"导出"按钮 导出，将视频保存至相册，效果如图2-164和图2-165所示。

| 图2-164 | 图2-165 |

掌握剪映App、
剪映专业版的高阶功能

　　第2章介绍了剪映的一些基础功能，这些功能已经可以满足用户的一些基本剪辑需求，帮助用户制作出简单的短视频。但是如果想制作出更出彩的视频，打造更丰富的画面效果，就不可避免地需要使用剪映的一些高阶功能，如曲线变速、视频防抖、美颜美体、画面定格等。

3.1 使用"变速"功能让视频张弛有度

当录制一些运动景物时，如果运动速度过快，肉眼是无法清楚看到每一个细节的。此时可以使用"变速"功能来降低画面中景物的运动速度，形成慢动作效果，从而令每一个瞬间都能清楚地呈现出来。而对于一些变化过于缓慢，或者单调、乏味的画面，可以使用"变速"功能适当提高播放速度，形成快动作效果，缩短画面时间，让视频更生动。

另外，使用"曲线变速"功能可以让画面的快与慢形成一定的节奏感，极大地提升观看体验。

3.1.1 常规变速

剪映中的"常规变速"功能可以对所选视频素材进行统一调速。在时间轴中选中需要进行变速处理的视频素材，点击底部工具栏中的"变速"按钮◎，如图3-1所示。此时可以看到底部工具栏中有两个变速选项，如图3-2所示。

图3-1   图3-2

点击"常规变速"按钮◣，可打开对应的变速选项栏，如图3-3所示。一般情况下，视频素材的原始速度为1x，拖动变速按钮可以调整视频的播放速度。当数值大于1x时，视频的播放速度将变快；当数值小于1x时，视频的播放速度将变慢。

当用户拖动变速按钮时，视频素材的左上角会显示倍速，如图3-4所示。完成变速调整后，点击右下角的☑按钮即可保存。

图3-3   图3-4

> **提示**
>
> 　　需要注意的是，当用户对素材进行常规变速操作时，素材的长度会相应地发生变化。简单来说，当倍速数值增加时，视频的播放速度会变快，素材的持续时间会变短；当倍速数值减小时，视频的播放速度会变慢，素材的持续时间会变长。

3.1.2 曲线变速

　　剪映中的"曲线变速"功能可以有针对性地对一段视频中的不同部分进行加速或减速处理，而加速、减速的幅度可以自由控制。

　　在变速选项栏中点击"曲线变速"按钮 ，可以看到"曲线变速"选项栏中罗列了不同的变速曲线选项，包括"原始""自定""蒙太奇""英雄时刻""子弹时间""跳接"等，如图3-5所示。

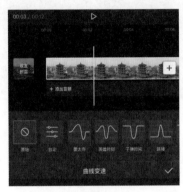

图3-5

　　在"曲线变速"选项栏中，点击除"原始"选项外的任意一个变速曲线选项，都可以实时预览变速效果。下面以"蒙太奇"选项为例进行说明。

　　首次点击该选项按钮，预览区将自动展示变速效果，此时可以看到"蒙太奇"选项按钮显示为红色状态，如图3-6所示。再次点击该选项按钮，进入曲线编辑面板，如图3-7所示，在这里可以看到曲线的起伏状态，左上角显示了应用该速度曲线后素材的时长变化。

　　此外，用户可以对曲线上的各个锚点进行调整，以满足不同的播放速度要求。

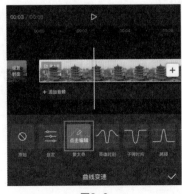
图3-6

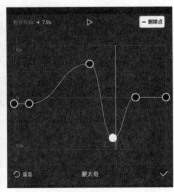
图3-7

3.1.3 剪映专业版中"变速"功能的使用方法

剪映专业版中的"变速"功能位于素材调整区，和剪映App一样，剪映专业版中的"变速"功能也包含"常规变速"和"曲线变速"两个选项。

在时间轴中选中需要进行变速处理的视频片段，在素材调整区单击切换至"变速"功能区，可以看到有"常规变速"和"曲线变速"两个选项。在默认的"常规变速"功能区，可以通过拖曳滑块控制加速或减速的幅度。1x为原始速度，0.5x为1/2慢速，如图3-8所示，0.2x为1/5慢速，以此类推，即可确定慢动作的速度。而2x为2倍快速，如图3-9所示，剪映最高可以实现100x的快速。

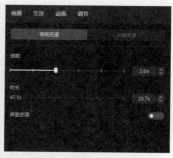

图3-8   图3-9

当单击切换至"曲线变速"功能区后，用户可以为视频中的不同部分添加慢动作或快动作效果，但大多数情况下都需要单击"自定义"按钮，根据视频的不同情况进行手动设置。单击"自定义"按钮后，会出现一个曲线编辑面板，如图3-10所示。

由于需要根据视频内容自行确定锚点的位置，因此并不需要预设锚点。选中锚点后，单击"删除点"按钮 ，将其删除，删除后的界面如图3-11所示。

拖动时间线，将其定格在慢动作画面开始的位置，单击"添加点"按钮 ，并向下拖动锚点；再将时间线拖动至慢动作画面结束的位置，单击"添加点"按钮 ，同样向下拖动锚点，从而形成一段持续性的慢动作画面，如图3-12所示。

图3-10   图3-11   图3-12

按照这个思路，在需要添加快动作效果的区域也添加两个锚点，并向上拖动，从而形成一段持续性的快动作画面，如图3-13所示。

如果不需要形成持续性的快动作或慢动作画面，而是让画面在快动作与慢动作之间不断变化，则可以让锚点在高位及低位交替出现，如图3-14所示。

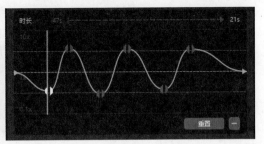

图3-13 图3-14

3.2 好用的"防抖"和"降噪"功能

在使用手机录制视频时，很容易在运镜过程中出现画面晃动的问题。剪映的"防抖"功能可以有效减弱晃动幅度，让画面看起来更加平稳。

"降噪"功能则可以降低户外拍摄视频时产生的噪声，如果在室内环境中进行拍摄，视频本身几乎没有噪声时，使用"降噪"功能还可以明显提高人声的音量。

3.2.1 "防抖"功能

如果用手拿着相机或者手机拍视频，通常无法避免抖动的现象，这种抖动会影响整体视频的美观度，所以在后期剪辑时，可以使用剪映的"防抖"功能缓解画面的抖动，从而提升视频的质量。

创建项目后，在主界面点击"开始创作"按钮 ⊞，进入素材添加界面，添加一段需要进行防抖处理的素材，然后在时间轴中选中该素材，如图3-15所示。在底部工具栏中点击"防抖"按钮 ▦，如图3-16所示。

用户可以滑动底部选项栏中的滑块，根据自己的实际需求选择防抖效果，然后点击右下角的 ☑ 按钮保存即可，如图3-17所示。

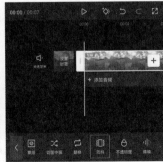
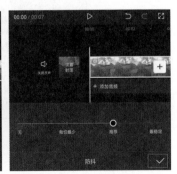

图3-15 图3-16 图3-17

3.2.2 "降噪"功能

在日常拍摄时，由于受到环境因素的影响，拍摄的短片或多或少会夹杂一些杂音，非常影响观看体验。剪映为用户提供的"降噪"功能可以帮助用户去除音频中的各类杂音、噪声等，从而有效提升音频的质量。

创建项目后，在主界面点击"开始创作"按钮⊞，进入素材添加界面，添加一段需要进行降噪处理的素材，然后在时间轴中选中该素材，如图3-18所示。在底部工具栏中点击"降噪"按钮⊪，如图3-19所示。

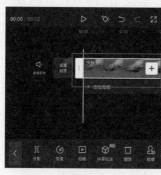

图3-18　　　　　　　　　　　图3-19

在界面底部的选项栏中可以看到，此时的"降噪开关"处于关闭状态，如图3-20所示。直接点击⊙按钮即可将"降噪开关"打开，剪映会自动进行降噪处理，完成后点击右下角的✓按钮即可保存，如图3-21所示。

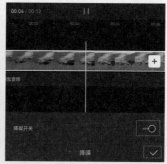

图3-20　　　　　　　　　　　图3-21

3.2.3 剪映专业版中"防抖"和"降噪"功能的使用方法

剪映专业版中的"防抖"和"降噪"功能都位于素材调整区，但"防抖"功能位于"画面"功能区，而"降噪"功能则位于"音频"功能区。

在时间轴中选中需要进行防抖和降噪处理的素材，在素材调整区勾选"视频防抖"复选框，如图3-22所示。

单击"防抖等级"下拉按钮，在下拉列表中可以看到"推荐""裁切最少""最稳定"三个选项，用户可以根据自己的需求进行选择，如图3-23所示。

图3-22　　　　　　　　　　　　　　　　　图3-23

如果需要对视频进行降噪处理，则需在素材调整区单击切换至"音频"功能区，然后勾选"音频降噪"复选框，即可对视频进行降噪处理，如图3-24所示。

图3-24

提示

无论是"防抖"功能还是"降噪"功能，其作用都是有限的。想获得高品质的视频，需要尽量在前期就拍摄出相对平稳且低噪声的画面。例如，使用稳定器及降噪麦克风进行拍摄。

3.3 让画面的出现与消失更精彩的"动画"功能

很多用户在使用剪映时容易将"特效""转场"功能与"动画"功能混淆。虽然这三者都可以让画面看起来更具动感，但"动画"功能既不能像"特效"功能那样改变画面内容，也不能像"转场"功能那样衔接两个片段，它可以在所选视频出现及消失时为其添加动态效果。

3.3.1 "动画"功能的使用方法

剪映的"动画"功能包含"入场动画""出场动画""组合动画"三个选项。"入场动画"应用于视频开场，"出场动画"则应用于视频结尾，而"组合动画"是连续、重复且有规律的动画效果，具有一定的持续性。下面以组合动画效果的添加为例，为大家讲解剪映App中动画效果的具体应用方法。

在时间轴中选中需要添加动画效果的视频片段，点击底部工具栏中的"动画"按钮 ◙，如

图3-25所示。进入动画选项栏，可以看到其中有"入场动画""出场动画""组合动画"三个选项，点击"组合动画"按钮■，如图3-26所示。

图3-25   图3-26

进入动画效果选项栏，点击任意一个效果选项的缩览图，即可为所选片段添加相应的动画效果并进行预览，移动动画时长滑块还可以调整动画的作用时间，如图3-27所示。当动画时长较短时，画面变化节奏会显得更快，更容易营造视觉冲击力；当动画时长较长时，画面变化相对缓慢，适合营造轻松的画面氛围。

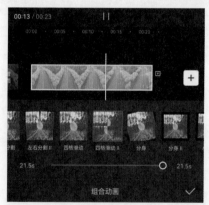

图3-27

提示

在剪映App中设置动画时长后，具有动画效果的时间范围会在轨道上呈现浅绿色的覆盖，这样可以直观地显示动画时长与整个视频片段时长之间的比例关系。

3.3.2 案例训练：制作夏日饮品混剪短视频

本案例介绍的是夏日饮品混剪短视频的制作方法，主要使用剪映的"动画"功能。下面介绍具体的操作方法。

01 在剪映App中添加16张"饮品"图像素材，在时间轴中选中第1段素材，使其边缘出现白色边框，如图3-28所示，将素材片段右侧的边框向左拖动，使其时长缩短至1.3s，如图3-29所示。

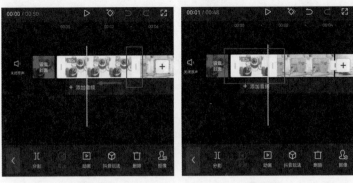

图3-28 图3-29

02 参照步骤01的操作方法，将余下素材的时长都调整为1.3s，如图3-30所示。在时间轴中选中第1段素材，然后点击底部工具栏中的"动画"按钮 ▣，如图3-31所示。

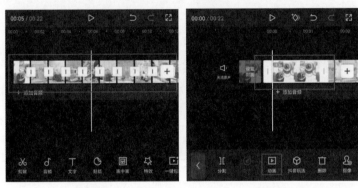

图3-30 图3-31

03 打开动画选项栏，点击"入场动画"按钮 ▣，如图3-32所示，在"入场动画"选项栏中选择"动感放大"效果，并拖动动画时长滑块，将参数设置为1.0s，点击右下角的 ☑ 按钮保存，如图3-33所示。

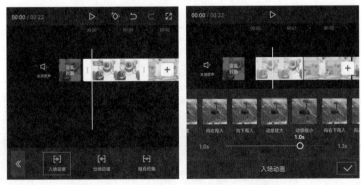

图3-32 图3-33

04 在时间轴中选中第2段素材，点击底部工具栏中的"入场动画"按钮 ▣，如图3-34所示，在"入场动画"选项栏中选择"动感缩小"效果，拖动动画时长滑块，将参数设置为1.0s，点击右下角的 ☑ 按钮保存，如图3-35所示。

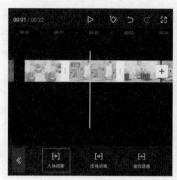
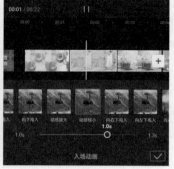

图3-34 图3-35

05 参照步骤02至步骤04的操作方法，为剩余14段素材添加"动感放大"或"动感缩小"的动画效果。为视频添加一首合适的背景音乐，添加完成后即可点击"导出"按钮 ，将视频保存至相册，效果如图3-36和图3-37所示。

图3-36 图3-37

3.3.3 剪映专业版中"动画"功能的使用方法

剪映专业版中的"动画"功能位于素材调整区。在时间轴中选中需要添加动画效果的素材片段后，在素材调整区单击切换至"动画"功能区，可以看到有"入场""出场""组合"三个选项，如图3-38所示。

这里以出场动画效果的添加为例进行说明。在"动画"功能区单击切换至出场动画效果选项栏，单击任意一个效果选项的缩览图，即可为所选片段添加相应的动画效果。拖曳下方的"动画时长"滑块可以调整动画的作用时间，如图3-39所示。

图3-38 图3-39

在剪映专业版中，为某一素材添加动画效果后，该素材的轨道上会出现一个箭头标识，如

图3-40所示。倘若用户想去除添加的动画效果，可以在动画效果选项栏中单击 ▨ 按钮，即可将添加的动画效果去除，如图3-41所示。

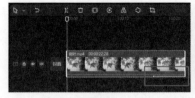 

图3-40　　　　　　　　　　　　　　　　　图3-41

提示

　　动画时长的可设置范围取决于所选片段的时长变化。通常来说，每一个视频片段的结尾附近（落幅）最好是比较稳定的，这样可以让观众清晰地看到该镜头所表现的内容。因此，不建议让整个视频片段都具有动画效果。但对于一些一闪而过的画面，或者故意让观众看不清的画面，可以缩短其所在视频片段时长并添加动画效果。

3.4 实现人物魅力最大化的"美颜美体"功能

　　如今手机相机的像素越来越高，拍摄时演员形象上的一些瑕疵几乎无法隐藏，所以在进行后期剪辑时，经常需要对人物进行一些美化处理，让人物镜头魅力最大化。

3.4.1 "美颜美体"功能的使用方法

　　美颜美体，顾名思义，是"美颜"功能和"美体"功能的组合，其中"美颜"包含"智能美颜""智能美型""手动精修"三个选项，而"美体"则包含"智能美体"和"手动美体"两个选项，下面分别进行介绍。

1. 美颜

　　在剪映App中添加一段需要进行美颜的素材，在时间轴中选中该素材，点击底部工具栏中的"美颜美体"按钮 ◙，打开美颜美体选项栏，点击"美颜"按钮 ◙，如图3-42和图3-43所示。

图3-42　　　　　　　　　　　　　图3-43

进入默认的"智能美颜"选项栏后，可以看到有"磨皮""祛黑眼圈""祛法令纹""美白""白牙"等选项，如图3-44所示。点击"磨皮"按钮，拖曳白色圆圈滑块，即可调整"磨皮"效果的强弱，如图3-45所示。

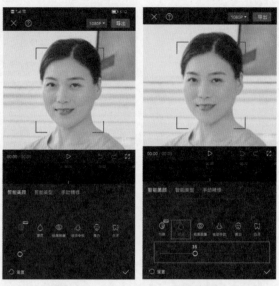

图3-44　　　　　　　　　　　　图3-45

点击切换至"智能美型"选项栏后，可以看到里面根据人物的面部、眼部、鼻子、嘴巴等部位设置了细分的选项，当"瘦脸"图标显示为红色时，表示目前正处于瘦脸状态，拖曳白色圆圈滑块，即可调整"瘦脸"效果的强弱，如图3-46所示。

点击切换至"手动精修"选项栏，里面只有"手动瘦脸"一个选项，拖曳白色圆圈滑块，即可调整"瘦脸"效果的强弱，如图3-47所示。

图3-46　　　　　　　　　　　　图3-47

2. 美体

在剪映App中添加一段需要进行美体处理的素材，在时间轴中选中该素材，点击底部工具栏中的"美颜美体"按钮 ，打开美颜美体选项栏，点击"美体"按钮 ，如图3-48和图3-49所示。

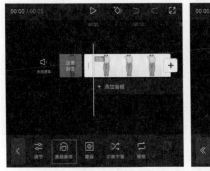 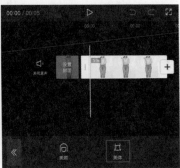

图3-48   图3-49

进入默认的"智能美体"选项栏后，可以看到有"磨皮""美白""瘦身""长腿""瘦腰"等选项。点击"长腿"按钮，拖曳白色圆圈滑块，即可调整"长腿"效果的强弱，如图3-50所示。

同理，点击"瘦腰"按钮，拖曳白色圆圈滑块，即可调整"瘦腰"效果的强弱，如图3-51所示。

图3-50   图3-51

点击切换至"手动美体"选项栏后，可以看到里面有"拉长""瘦身瘦腿""放大缩小"三个选项。当"拉长"图标显示为红色时，在预览区移动黄色线条，选择需要拉长的部位，拖曳底部的白色圆圈滑块，即可将人物被选取的部位拉长，如图3-52所示。

同理，点击"瘦身瘦腿"按钮，在预览区移动黄色线条，选择需要进行调整的部位，拖曳底部的白色圆圈滑块，即可让人物被选取的部位变窄或变宽，如图3-53所示。

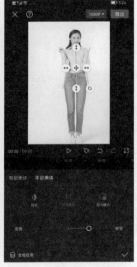

图3-52　　　　　　　　　　　图3-53

3.4.2　剪映专业版中美颜美体功能的使用方法

相比于剪映App，剪映专业版的美颜美体功能分类较为简单，只有"智能美颜"和"智能美体"两个选项，但其功能仍然齐全，"美白""瘦脸""瘦腰""长腿"等效果应有尽有。

在时间轴中选中需要进行美颜美体处理的素材，在素材调整区勾选"智能美颜"复选框，可以看到选项栏中有"磨皮""瘦脸""大眼""瘦鼻""美白""美牙"6个选项。勾选"智能美颜"复选框后，系统会默认将"磨皮"和"瘦脸"的数值调整为50，用户可以在选项栏中拖曳各个选项旁边的白色滑块来调整各项效果的强弱，如图3-54所示。

同理，当用户勾选"智能美体"复选框后，可以看到选项栏中有"瘦身""长腿""瘦腰""小头"4个选项，系统会默认将"瘦身"和"长腿"的数值调整为50，用户可以在选项栏中拖曳各个选项旁边的白色滑块来调整各项效果的强弱，如图3-55所示。

图3-54　　　　　　　　　　　　　　图3-55

3.5　一键生成热门内容的"抖音玩法"

剪映的"抖音玩法"功能集合了抖音平台当下比较潮流的一些玩法，如立体相册、性别反转、

3D运镜等，用户只需导入素材，即可一键应用效果，生成视频。

3.5.1 使用"抖音玩法"制作人物立体相册

"抖音玩法"的应用在抖音上很常见，其操作方法很简单，下面将通过制作人物立体相册效果来讲解这项功能的具体应用方法。

首先在剪辑项目中添加一张需要使用的人物图像素材，然后在时间轴中选中该素材，点击底部工具栏中的"抖音玩法"按钮 ⊕，在效果选项栏中选择"立体相册"选项，如图3-56和图3-57所示。

| 图3-56 | 图3-57 |

等待片刻，剪映即可自动合成立体相册效果，最后点击界面右下角的 ✓ 按钮即可保存。图3-58为"立体相册"效果的示意图。

图3-58

3.5.2 案例训练：3D运镜电子相册

本案例介绍的是3D运镜电子相册的制作方法，主要使用剪映的"抖音玩法"功能。下面介绍具体的操作方法。

01 打开剪映App，在主界面点击"开始创作"按钮 ⊡，进入素材添加界面，依次选择9张人物写真的图像素材，点击"添加"按钮，进入视频编辑界面，如图3-59和图3-60所示。

图3-59　　　　　　　　　　　　图3-60

02 在时间轴中选中第1段素材，点击底部工具栏中的"抖音玩法"按钮 ⊗，如图3-61所示，在效果选项栏中选择"3D运镜"选项，点击右下角的 ☑ 按钮保存，如图3-62所示。

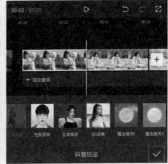

图3-61　　　　　　　　　　　　图3-62

03 参照步骤02的操作方法，为余下8段素材添加"3D运镜"效果。在时间轴中选中第1段素材，使其边缘出现白色边框，将素材片段右侧的边框向左拖动，使其时长缩短至1.5s，如图3-63和图3-64所示。

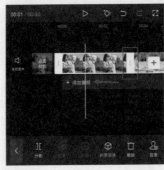

图3-63　　　　　　　　　　　　图3-64

04 参照步骤03的操作方法将余下素材的时长都调整为1.5s。为视频添加一首合适的背景音乐，添加完成后即可点击"导出"按钮 导出 ，将视频保存至相册，效果如图3-65和图3-66所示。

图3-65

图3-66

3.6 使用"定格"功能凸显精彩瞬间

"定格"功能可以将一段视频中的某个画面"凝固"，从而起到突出某个瞬间效果的作用。另外，如果一段视频中多次出现定格画面，并且其时间点与音乐节拍相匹配，可让视频具有律动感。

打开剪映App，在主界面点击"开始创作"按钮 ⊡ ，进入素材添加界面，选择"古风美女"的素材并将其添加至剪辑项目中。进入视频编辑界面后，点击播放按钮 ▷ 预览素材效果，如图3-67所示。可以通过预览素材确定定格的时间点。在时间轴中分开双指，将轨道放大，如图3-68所示。

图3-67

图3-68

将时间线移动至第17秒第5帧的位置，如图3-69所示。在时间轴中选中素材，点击底部工具栏中的"定格"按钮 ▣，如图3-70所示。

操作完成后，轨道中将生成一段时长为3秒的静帧画面，同时视频片段的时长也由22秒变成了25秒，如图3-71所示。

图3-69

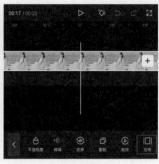
图3-70

图3-71

提示

剪映专业版的"定格"功能按钮位于常用功能区，其使用方法与剪映App中一致，在时间轴中选中素材后，将时间线移动至需要定格的位置，单击"定格"按钮 ▣，轨道中即可生成一段时长为3秒的定格片段。

3.7 可以让静态画面动起来的关键帧功能

如果在一条轨道上打上两个关键帧，并且在后一个关键帧处改变了显示效果，如放大或缩小画面，移动贴纸或蒙版的位置，修改滤镜等，那么在播放两个关键帧之间的画面时，第一个关键帧所在位置的效果会逐渐转变为第二个关键帧所在位置的效果。

3.7.1 利用关键帧模拟运镜效果

使用关键帧功能可以让一些原本不会移动的、非动态的元素在画面中动起来，还可以让一些后期增加的效果随时间渐变，下面通过制作运镜效果来讲解关键帧功能的使用方法。

在时间轴中选中需要进行编辑的素材，然后在预览区分开双指，将画面放大，如图3-72所示。将时间线移动至视频的起始位置，点击界面中的 ◈ 按钮，添加一个关键帧，如图3-73所示。

操作完成后，轨道上会出现一个关键帧的标识，如图3-74所示。将时间线移动至视频的结尾处，在预览区捏合双指，将画面缩小，此时剪映会自动在时间线所在的位置再打上一个关键帧，如图3-75所示。至此，就完成了一个简单的运镜效果。

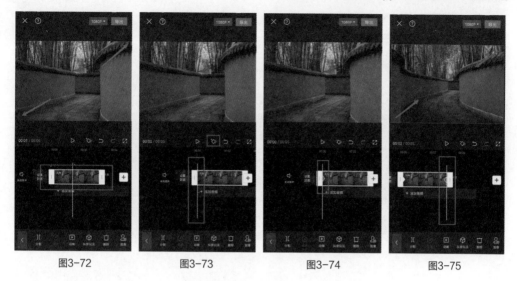

图3-72	图3-73	图3-74	图3-75

3.7.2 案例训练：制作古建筑混剪短视频

本案例介绍的是古建筑混剪短视频的制作方法，主要使用剪映的关键帧、"复制"和"替换"功能。下面介绍具体的操作方法。

01 在剪映App中添加一段古建筑的视频素材，将时间线移动至视频第2秒的位置，在时间轴中选中素材，点击底部工具栏中的"分割"按钮⚓️，如图3-76所示，再点击"删除"按钮🗑️，将多余的片段删除，如图3-77所示。

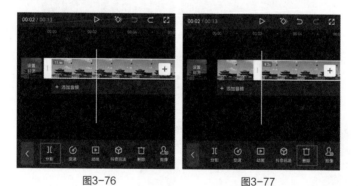

图3-76	图3-77

02 将时间线移动至视频的起始位置，在预览区分开双指，将画面放大，点击界面中的◈按钮，添加一个关键帧，如图3-78所示。

03 将时间线移动至视频的结尾处，在预览区将画面缩小，此时剪映会自动在时间线所在位置创建一个关键帧，如图3-79所示。

04 在时间轴中选中素材，点击底部工具栏中的"复制"按钮▣，在时间线区域复制出一段相同的素材，如图3-80和图3-81所示。

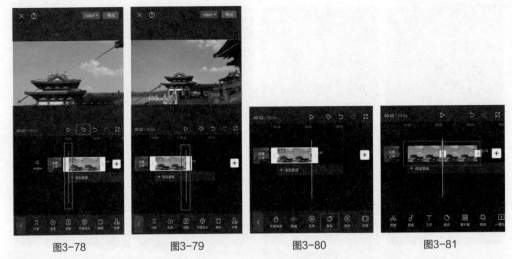

| 图3-78 | 图3-79 | 图3-80 | 图3-81 |

05 参照步骤04的操作方法，在时间轴中复制8段相同的素材，如图3-82所示。选中第2段素材，点击底部工具栏中的"替换"按钮 🔁，如图3-83所示。

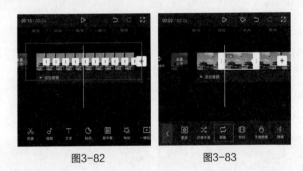

| 图3-82 | 图3-83 |

06 进入素材选取界面，选择一段新的古建筑视频，点击"确认"按钮，如图3-84和图3-85所示。

07 参照步骤05和步骤06的操作方法，将余下8段素材替换为新的视频，如图3-86所示。

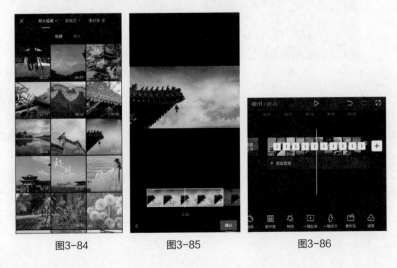

| 图3-84 | 图3-85 | 图3-86 |

08 为视频添加一首合适的背景音乐，添加完成后即可点击"导出"按钮 导出 ，将视频保存至相册，效果如图3-87和图3-88所示。

图3-87

图3-88

3.7.3 剪映专业版中关键帧功能的使用方法

除了前面案例中的运镜效果外，关键帧还有很多应用方式。例如，关键帧结合滤镜，可以形成渐变色的效果；关键帧结合蒙版，可以形成蒙版逐渐移动的效果；关键帧甚至还能与音频轨道结合，形成任意阶段音量的渐变效果。下面通过移动贴纸来讲解剪映专业版中关键帧功能的使用方法。

在画面中添加一个月亮的图标贴纸，使用关键帧功能让原本不会移动的月亮贴纸动起来，形成从画面右下角往画面左上角移动的效果。

首先在预览区将月亮贴纸移动至画面的右下角，再将时间线移动至视频的起始位置，在素材调整区单击"位置"选项右侧的 ◈ 按钮，在时间线所在的位置打上一个关键帧，如图3-89所示。

将时间线移动至视频的结尾处，再在预览区将月亮贴纸移动至画面的左上角，此时剪映会自动在时间线所在的位置打上一个关键帧，如图3-90所示。

图3-89

图3-90

3.7.4 综合训练：制作干杯集锦短视频

本案例介绍的是干杯集锦短视频的制作方法，主要使用剪映的"变速""分割""删除"功能。下面介绍具体的操作方法。

01 打开剪映App，在主界面点击"开始创作"按钮 ⊡ ，进入素材添加界面，切换至"视频"选项，依次选择12段"干杯"的视频素材，点击"添加"按钮，进入视频编辑界面，如图3-91和图3-92所示。

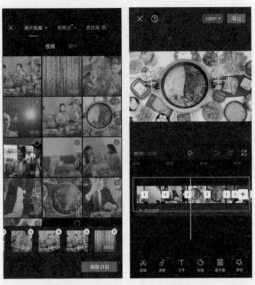

图3-91　　　　　　　　图3-92

02　在时间轴中选中第1段素材，点击底部工具栏中的"变速"按钮 ◎，打开变速选项栏，再点击"常规变速"按钮 ✎，如图3-93和图3-94所示。

图3-93　　　　　　　　图3-94

03　在底部选项栏中拖动变速滑块，将数值调整为1.5x，点击 ✓ 按钮保存，如图3-95所示。

04　参照步骤02和步骤03的操作方法，将素材2、素材6、素材7、素材9、素材10、素材11、素材12设置为1.5倍速，将素材3、素材4、素材8设置为3倍速，将素材5设置为5倍速，如图3-96所示。

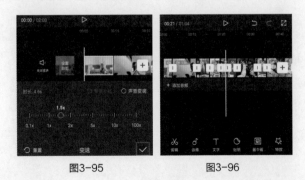

图3-95　　　　　　　　图3-96

05 　在时间轴中分开双指，将轨道放大。选中第1段素材，将时间线移动至视频画面中人物举杯的位置，点击底部工具栏中的"分割"按钮 ⬛，将素材一分为二，如图3-97和图3-98所示。

06 　选中分割出来的前半段素材，点击底部工具栏中的"删除"按钮 ⬛，将其删除，如图3-99所示。

图3-97 　　　　　　　　　　　图3-98 　　　　　　　　　　　图3-99

07 　选中第1段素材，将时间线移动至视频画面中碰杯的位置，点击底部工具栏中的"分割"按钮 ⬛，再选中分割出来的后半段素材，点击底部工具栏中的"删除"按钮 ⬛，将其删除，如图3-100和图3-101所示。

08 　参照步骤05至步骤07的操作方法，对剩余的11段素材进行分割截取，只保留干杯的画面，如图3-102所示。

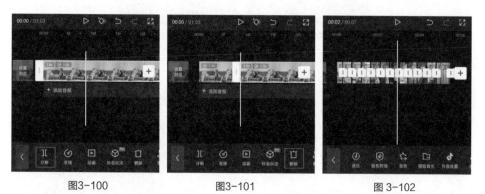

图3-100 　　　　　　　　　　　图3-101 　　　　　　　　　　　图3-102

09 　为视频添加一首合适的背景音乐，添加完成后即可点击"导出"按钮 [导出]，将视频保存至相册，效果如图3-103和图3-104所示。

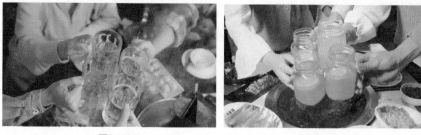

图3-103 　　　　　　　　　　　　　　图3-104

3.7.5 综合训练：制作定格漫画效果

本案例介绍的是定格漫画效果的制作方法，主要使用剪映的"变速""定格""抖音玩法"功能。下面介绍具体的操作方法。

01 打开剪映App，在主界面点击"开始创作"按钮 ⊡，进入素材添加界面，切换至"视频"选项，依次选择5段"古风小镇"的视频素材，点击"添加"按钮，进入视频编辑界面，如图3-105和图3-106所示。

图3-105　　　　图3-106

02 在时间轴中选中第1段素材，点击底部工具栏中的"变速"按钮 ⊘，打开变速选项栏，再点击"常规变速"按钮 ⊿，如图3-107和图3-108所示。

03 在底部选项栏中拖动变速滑块，将数值调整为3.0x，点击 ✓ 按钮保存，如图3-109所示。

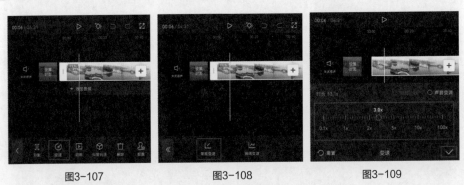

图3-107　　　　　　　图3-108　　　　　　　图3-109

04 参照步骤02和步骤03的操作方法，将余下素材都设置为3倍速，如图3-110所示。

05 将时间线移动至需要进行画面定格的位置，在时间轴中选中第1段素材，点击底部工具栏中的"定格"按钮，如图3-111所示。

06 在时间轴中选中衔接在定格片段后的素材，点击底部工具栏中的"删除"按钮 ⊡，将其删除，如图3-112所示。

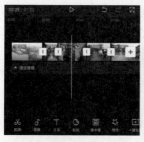 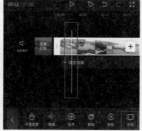 

图3-110　　　　　　　　图3-111　　　　　　　　图3-112

07 在时间轴中选中定格片段，点击底部工具栏中的"抖音玩法"按钮 🔘 ，选择"复古"选项，点击界面右下角的 ☑ 按钮保存，如图3-113和图3-114所示。

图3-113　　　　　　　　　　图3-114

08 在时间轴中选中定格片段，使其边缘出现白色边框，将定格片段右侧的边框向左拖动，使片段时长缩短至1秒，如图3-115和图3-116所示。

09 参照步骤05至步骤08的操作方法，为余下素材添加定格和复古漫画的效果，如图3-117所示。

  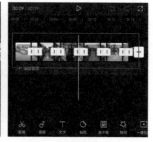

图3-115　　　　　　　　图3-116　　　　　　　　图3-117

10 为视频添加一首合适的背景音乐，添加完成后即可点击"导出"按钮 导出 ，将视频保存至相册，效果如图3-118和图3-119所示。

图3-118　　　　　　　　图3-119

第 **4** 章

添加音频
营造视频氛围

　　一个完整的短视频，通常是由画面和音频两部分组成的，视频中的音频可以是视频原声、后期录制的旁白，也可以是特殊音效或背景音乐。对于视频来说，音频是非常重要的组成部分，原本普通的视频画面，如果能配上调性明确的背景音乐，视频会更打动人心。

4.1 背景音乐的重要作用

如果没有音乐，只有动态的画面，视频就会给人一种干巴巴的感觉。所以，为视频添加背景音乐是视频后期剪辑中的必要操作。

4.1.1 让视频蕴含的情感更容易打动观者

有的视频画面很平静、淡然，有的视频画面很紧张、刺激，想让视频的情绪更强烈，让观者更容易被视频的情绪所感染，音乐可以起到至关重要的作用。

剪映中有很多不同分类的音乐，如"舒缓""轻快""可爱""伤感"等，这些都是根据"情绪"进行分类的，如图4-1所示，用户可以根据视频的情绪快速找到合适的背景音乐。

图4-1

4.1.2 节拍点对于营造视频节奏有参考作用

剪辑的一个重要作用就是控制不同画面出现的节奏，而音乐同样有节奏。当每一个画面转换的时刻点均为音乐的节拍点，并且转换频率较快时，这种视频就是所谓的"音乐卡点"视频。

这里需要强调的是，即便不是为了特意制作"音乐卡点"效果，画面在转换时如果可以与其节拍匹配，也会让视频更有节奏。

4.2 短视频音乐的选择技巧

在短视频剪辑的过程中，选取一首合适的背景音乐是一件非常令人头痛的事，因为音乐的选择是一件很主观的事，它需要创作者根据视频的内容主旨、整体节奏来进行，没有固定的标准和答案。

对于短视频创作者来说，选择与视频内容关联性较强的音乐，有助于带动用户的情绪，提升用户的体验，让自己的短视频更有代入感。下面就为大家介绍一些选择短视频音乐的技巧。

4.2.1 把握整体节奏

在短视频创作中，镜头切换的频次与音乐节奏一般是呈正比的。如果短视频中的长镜头较多，那么就适合使用节奏较快的配乐。视频的节奏和音乐的匹配程度越高，视频画面的效果就越好。

为了与视频内容更契合，在添加背景音乐前，最好按照拍摄的时间顺序对视频进行简单的粗剪。在分析了视频的整体节奏之后，再根据整体感觉去寻找合适的音乐。

此外，用户也可以根据节奏鲜明的音乐来引导剪辑思路，这样既能让剪辑有章可循，又能避免声音和画面不匹配。强节奏的音乐，画面转换和节奏变化完美契合，会令整个画面充满张力。

4.2.2 选择符合视频内容基调的音乐

如果要做搞笑类的视频，那么配乐就不能太抒情；如果要做情感类的视频，配乐就不能太欢快。不同配乐会带给用户不同的情感体验，因此需要根据短视频想表达的内容来选择与视频属性相匹配的音乐。

在拍摄短视频时，要很清楚短视频表达的主题和想传达的情绪，只有先弄清楚情绪的整体基调，才能进一步为短视频中的人、事、物等进行背景音乐的选择。

针对以上特点，下面以常见的美食类短视频、时尚类短视频和旅行类短视频为例，分别分析不同类型短视频的配乐技巧。

● 大部分美食类短视频的特点是画面精致、内容"治愈"，大多会选择一些让人听起来有幸福感和悠闲感的音乐，观众在观看视频时，会产生一种享受美食的愉悦感和满足感。

● 时尚类短视频的主要用户是年轻人，因此配乐大多会选择年轻人喜爱的充满时尚气息的流行音乐和摇滚音乐，这类音乐能很好地提升短视频的潮流气息。

● 旅行类短视频大多展示的是一些景色、人文和地方特色，这些短视频适合搭配一些大气、清冷的音乐。大气的音乐能让观众在看视频时产生放松的感觉，而清冷的音乐与轻音乐一样，包容性较强，音乐时而舒缓时而澎湃，是提升剪辑质量的一大帮手，能够将旅行的格调充分体现出来。

4.2.3 音乐配合情节反转

短视频平台上经常会出现一些故事情节前后反转明显的视频，这类视频前后的反差能勾起观众点赞的欲望。这里为大家列举一个场景，比如人物身处空无一人的树林中，发现背后似乎有人在跟踪自己，镜头在主人公和黑暗的场景之间快速切换，配上悬疑的背景音乐渲染紧张气氛，就在观众觉得主人公快要遇到危险的时候，悬疑的背景音乐瞬间切换为轻松搞怪的音乐，主人公发现从黑暗中窜出了一只可爱的小猫咪。

由上述例子可知，音乐是为视频内容服务的，音乐可以配合画面进行情节的反转，反转音乐能快速建立心理预设，在短视频中灵活利用两种音乐的反差，有时候能适时制造出期待感和幽默感。

4.3 添加背景音乐的方法

在剪映中，用户可以自由地调用音乐素材库中不同类型的音乐素材，并且剪映支持轨道叠加音乐。此外，剪映还支持用户将抖音等其他平台上的音乐添加至剪辑项目中，下面将详细进行介绍。

4.3.1 选取剪映音乐库中的音乐

剪映的音乐库中有着非常丰富的音频资源，并且还对这些音频进行了十分细致的分类，如"舒缓""轻快""可爱""伤感"等，用户可以根据视频内容的基调快速找到合适的背景音乐。

在时间轴中将时间线移动至需要添加背景音乐的时间点，在未选中素材的状态下，点击"添加音频"按钮，或点击底部工具栏中的"音频"按钮 ，然后在打开的音频选项栏中点击"音乐"按钮 ，如图4-2和图4-3所示。

完成上述操作后，进入剪映音乐素材库，如图4-4所示。剪映音乐素材库对音乐进行了细致的分类，用户可以根据音乐类别来快速挑选适合影片基调的背景音乐。

在音乐素材库中，点击任意一款音乐，即可对音乐进行试听。此外，点击音乐素材右侧的功能按钮，可以对音乐素材进行进一步处理，如图4-5所示。

图4-2

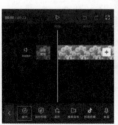

图4-3

图4-4

图4-5

音乐素材旁边的功能按钮说明如下。

- 收藏音乐 ☆：点击该按钮，可将音乐添加至音乐素材库的"收藏"列表中，方便下次使用。
- 下载音乐 ↓：点击该按钮，可以下载音乐，下载完成后会自动播放音乐。
- 使用音乐 使用：下载完音乐后，将出现该按钮，点击该按钮，即可将音乐添加到剪辑项目中，如图4-6所示。

图4-6

4.3.2 提取本地视频的背景音乐

剪映支持用户对本地相册中拍摄和存储的视频中的音乐进行提取，简单来说就是将其他视频中的音乐提取出来并单独应用到剪辑项目中。

提取视频中音乐的方法非常简单，在音乐素材库中，切换至"导入音乐"选项，然后在选项栏中点击"提取音乐"按钮 ⊡，接着点击"去提取视频中的音乐"按钮，如图4-7所示。在打开的素材选取界面选择带有音乐的视频，然后点击"仅导入视频的声音"按钮，如图4-8所示。

图4-7   图4-8

完成上述操作后，视频中的背景音乐将被提取并导入音乐素材库中，如图4-9所示。如果想将导入素材库中的音乐素材删除，则需在界面上按住素材，点击出现的"删除该音乐"按钮即可，如图4-10所示。

除了可以在音乐素材库中进行音乐的提取操作外，用户还可以选择在视频编辑界面完成提取音乐的操作。在未选中素材的状态下，点击底部工具栏中的"音频"按钮 ♪，如图4-11所示，然后在打开的音频选项栏中点击"提取音乐"按钮 ▣，如图4-12所示，即可进行视频音乐的提取操作。

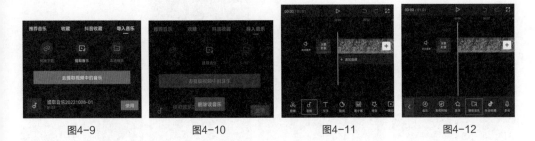

图4-9　　　　　　图4-10　　　　　　图4-11　　　　　　图4-12

4.3.3 使用抖音收藏的音乐

作为一款与抖音直接关联的短视频剪辑软件，剪映支持用户在剪辑项目中添加抖音中的音乐。在进行该操作前，用户需要在剪映主界面上切换至"我的"界面，登录自己的抖音账号。建立起剪映与抖音的连接后，用户就可以直接在剪映的"抖音收藏"列表中找到在抖音中收藏的音乐并进行调用了。下面介绍具体的操作方法。

> **提示**
>
> 使用抖音账号登录剪映的操作可参阅本书1.1.4小节的内容。

打开抖音App，在视频播放界面点击界面右下角CD形状的按钮，如图4-13所示，进入"拍同款"界面，点击"收藏"按钮 ☆，即可收藏该视频的背景音乐，如图4-14和图4-15所示。

图4-13　　　　　图4-14　　　　　图4-15

进入剪映App，打开需要添加音乐的剪辑项目，进入视频编辑界面，在未选中素材的状态下，将时间线定位至视频起始位置，然后点击底部工具栏中的"音频"按钮 ♪，如图4-16所示。在打开的音频选项栏中点击"抖音收藏"按钮 ♪，如图4-17所示。

进入剪映的音乐素材库，在界面下部的"抖音收藏"列表中可以看到刚刚收藏的音乐，如图4-18所示，点击下载音乐，再点击"使用"按钮 使用 ，即可将收藏的音乐添加至剪辑项目中，如图4-19所示。

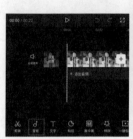 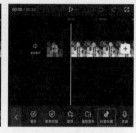  

| 图4-16 | 图4-17 | 图4-18 | 图4-19 |

提示

如果想在剪映App中将"抖音收藏"列表中的音乐素材删除，只需在抖音中取消收藏该音乐即可。

4.3.4 通过链接提取音乐

如果剪映音乐素材库中的音乐素材不能满足剪辑需求，那么用户可以尝试通过视频链接提取其他视频中的音乐。

以抖音为例，用户如果想将该平台上某个视频的背景音乐导入剪映中使用，可以在抖音的视频播放界面点击右侧的分享按钮 ，再在底部选项栏中点击"复制链接"按钮 ，如图4-20和图4-21所示。

图4-20　　　　　图4-21

操作完成后，进入剪映音乐素材库，切换至"导入音乐"选项，然后在选项栏中点击"链接下载"按钮 🔗，在文本框中粘贴之前复制的音乐链接，再点击右侧的下载按钮 ⬇，等待片刻，解析完成后即可点击"使用"按钮 使用，将音乐添加到剪辑项目中，如图4-22和图4-23所示。

图4-22　　　　　　图4-23

提示

对于想靠视频作品营利的用户来说，在使用其他平台上的音乐作为视频素材前，需与平台或音乐创作者进行协商，以避免侵权行为的发生。

4.3.5 知识课堂：录制语音，添加旁白

通过剪映的"录音"功能，用户可以实时在剪辑项目中完成旁白的录制和编辑工作。在使用剪映录制旁白前，最好连接上耳麦，有条件的话可以配备专业的录制设备，这样能有效提升声音质量。

在开始录音前，先将时间线移动至视频的起始位置，在未选中任何素材的状态下，点击音频选项栏中的"录音"按钮 🎤，然后在底部选项栏中按住红色的录制按钮，如图4-24和图4-25所示。

在按住录制按钮的同时，轨道区域将同时生成音频素材，如图4-26所示，此时用户可以根据视频内容录入相应的旁白。录制完成后，释放录制按钮，即可停止录音。点击右下角的 ✓ 按钮，即可保存音频素材，如图4-27所示。

图4-24　　　　　　图4-25　　　　　　图4-26　　　　　　图4-27

在录音过程中，口型不匹配或环境干扰可能导致音效不自然，因此大家尽量选择安静、没有回音的环境进行录制。录音时嘴巴需与麦克风保持一定的距离，可以尝试用打湿的纸巾将麦克风裹住，防止喷麦。

4.3.6 剪映专业版中添加音频的方式

剪映专业版的"音频"功能按钮位于工具栏中，当用户在工具栏中单击"音频"按钮后，即可在音频选项栏中看到"音乐素材""音效素材""音频提取""抖音收藏""链接下载"5个选项。

1. 音乐素材

打开剪映专业版软件，在剪辑项目中添加视频素材并将其添加到时间轴中。然后在工具栏中单击"音频"按钮 ，即可在默认的"音乐素材"选项栏中看到打开的音乐素材列表，如图4-28所示。用户可以在列表中选择不同类型的音乐素材进行试听，如图4-29所示。

图4-28　　　　　　　　图4-29

如果需要将音乐素材添加至剪辑项目中，只需按住鼠标左键，将需要使用的音乐素材拖入时间轴中即可，如图4-30所示。

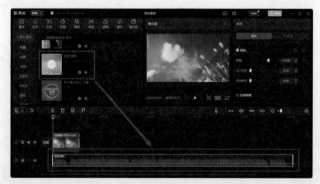

图4-30

> **提示**
>
> 　　添加音效素材与添加音乐素材的操作方法一致，在"音频"功能区单击"音效素材"按钮，切换至"音效素材"选项栏，按住鼠标左键，将需要使用的音效素材拖入时间轴中即可。

2. 音频提取

打开剪映专业版软件，在剪辑项目中添加视频素材并将其添加到时间轴中。然后在工具栏中单击"音频"按钮 🕐，再单击"音乐素材"按钮，将音乐素材列表隐藏，如图4-31所示。接着单击"音频提取"按钮，在音频提取界面单击"导入"按钮 🔘，如图4-32所示。

图4-31　　　　　　　　　　图4-32

在打开的"请选择媒体资源"对话框中打开素材所在的文件夹，选择需要使用的图像或视频素材，选择完成后单击"导入"按钮，如图4-33所示。

操作完成后，单击音频素材上的"添加到轨道"按钮 🔘，如图4-34所示，即可将提取的音频素材添加至剪辑项目中。

图4-33　　　　　　　　　　图4-34

3. 抖音收藏

打开抖音App，在视频播放界面点击界面右下角CD形状的按钮，如图4-35所示，进入"拍同款"界面，点击"收藏"按钮 ⭐，即可收藏该视频的背景音乐，如图4-36和图4-37所示。

图4-35　　　　　　　图4-36　　　　　　　图4-37

打开剪映专业版软件，登录抖音账号，在剪辑项目中添加视频素材并将其添加到时间轴中。在工具栏中单击"音频"按钮 ⏱，再单击"音乐素材"按钮，将音乐素材列表隐藏，如图4-38所示。

　　单击"抖音收藏"按钮，即可看到刚刚在抖音App中收藏的音乐，单击"添加到轨道"按钮 ⊕，如图4-39所示，即可将该音乐添加至剪辑项目中。

图4-38　　　　　　　　　　　　图4-39

4.3.7 案例训练：打造动感舞台效果

　　本案例介绍的是动感舞台效果的制作方法，主要使用剪映的"音乐"和"分割"功能。下面介绍具体的操作方法。

01 打开剪映App，在主界面点击"开始创作"按钮 ⊞，进入素材添加界面，切换至"视频"选项，选择一段"跳舞"的视频素材，点击"添加"按钮，如图4-40所示；进入视频编辑界面，点击底部工具栏中的"音频"按钮 ♫，如图4-41所示。

图4-40　　　　　　　　　　　图4-41

02 在音频选项栏中点击"音乐"按钮 ⏱，如图4-42所示，进入剪映音乐素材库，选择"搞怪"选项，如图4-43所示。

图4-42   图4-43

03 在搞怪音乐列表中，选择图4-44所示的音乐，点击"使用"按钮 使用 ，即可将该音乐添加至剪辑项目中，如图4-45所示。

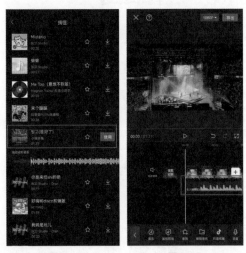

图4-44   图4-45

04 将时间线移动至视频的结尾处，选中音乐素材，点击底部工具栏中的"分割"按钮 ，再点击"删除"按钮 ，将多余的音乐素材删除，如图4-46和图4-47所示。

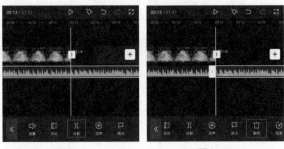

图4-46   图4-47

05 点击界面右上角的"导出"按钮 导出，将视频保存至相册，效果如图4-48所示。

图4-48

4.4 对音频进行个性化处理

剪映为用户提供了较为完备的音频处理功能，支持用户在剪辑项目中对音频素材进行淡化、变声、变速等处理，下面详细进行介绍。

4.4.1 添加音效

在视频中添加和画面内容相符的音效，可以大幅增强视频的代入感，让观众更有沉浸感。剪映自带的音效资源非常丰富，其添加方法与添加背景音乐的方法类似。

将时间线移动至需要添加音效的时间点，在未选中素材的状态下，点击"添加音频"按钮，或点击底部工具栏中的"音频"按钮 ，然后在打开的音频选项栏中点击"音效"按钮，如图4-49和图4-50所示。

图4-49

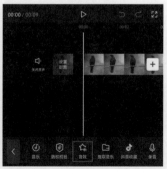

图4-50

完成上述操作后，即可打开音效选项栏，如图4-51所示，里面有魔法、美食、动物、环境音等不同类别的音效。添加音效素材的方法与上述添加音乐素材的方法一致，选择任意一个音效素材，点击右侧的"使用"按钮 使用，即可将该音效添加至剪辑项目中，如图4-52所示。

图4-51　　　　　　　　　　图4-52

4.4.2 设置音频变速

在进行视频编辑时，为音频进行恰到好处的变速处理，可以很好地增强视频的趣味性。

实现音频变速的操作非常简单，在时间轴中选中音频素材，然后点击底部工具栏中的"变速"按钮 ⑥，如图4-53所示，在打开的"变速"选项栏中可以自由调节音频素材的播放速度，如图4-54所示。

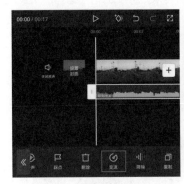
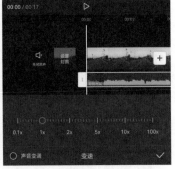

图4-53　　　　　　　　　　图4-54

在"变速"选项栏中左右拖动速度滑块，可以对音频素材进行减速或加速处理。速度滑块停留在1x数值处时，代表此时音频以正常速度播放。当用户向左拖动滑块时，音频素材将减速，且素材持续时长会变长；当用户向右拖动滑块时，音频素材将加速，且素材的持续时长将变短。

在进行音频变速操作时，如果想对音频的声音进行变调处理，可以选中左下角的"声音变调"选项，操作完成后，视频的声音会发生改变。

4.4.3 设置音频变声

看过游戏直播的用户应该知道，很多平台主播为了提升直播人气，会使用变声软件进行变声处理，搞怪的声音配上幽默的话语，时常能引得观众捧腹大笑。

对视频原声进行变声处理，在一定程度上可以强化人物的情绪，对于一些趣味性或恶搞类短视频来说，音频变声可以很好地增强这类视频的幽默感。

使用"录音"功能完成旁白的录制后，在时间轴中选中音频素材，点击底部工具栏中的"变声"按钮◎，如图4-55所示。在打开的"变声"选项栏中可以根据实际需求选择声音效果，如图4-56所示。

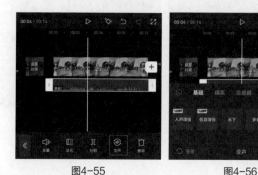

图4-55   图4-56

4.4.4 实现音频的淡入淡出

对于一些没有前奏和尾声的音频素材，在其前后添加淡化效果，可以有效降低音乐出入场时的突兀感；而在两个衔接音频之间添加淡化效果，可以令音频之间的过渡更加自然。

在轨道区域选中音频素材，点击底部工具栏中的"淡化"按钮▥，如图4-57所示，在底部选项栏中滑动"淡入时长"滑块，将数值调整为0.6s，点击右下角的✓按钮保存，如图4-58所示。

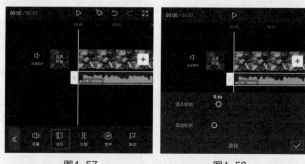

图4-57   图4-58

将时间线移动至视频的结尾处，选中音频素材，点击底部工具栏中的"分割"按钮▯，再点击"删除"按钮▥，将多余的音频素材删除，如图4-59和图4-60所示。

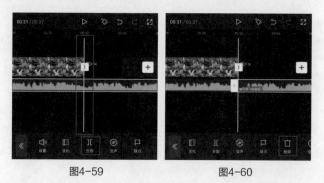

图4-59   图4-60

在时间轴中选中音频素材，点击底部工具栏中的"淡化"按钮■，如图4-61所示，在底部选项栏中滑动"淡出时长"滑块，将数值调整为0.6s，点击右下角的☑按钮保存，如图4-62所示。

 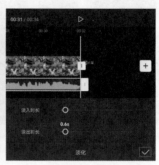

图4-61　　　　　　　　　　　　图4-62

> **提示**
>
> 　　淡入是指背景音乐开始播放的时候，声音会缓缓变大；淡出是指背景音乐即将结束的时候，声音会逐渐减小直至消失。

4.4.5 知识课堂：调节音量营造声音层次感

为一段视频添加背景音乐、音效或者配音后，时间轴中会出现多条音频轨道。想让视频的声音更有层次感，可以单独调节其音量。

在时间轴中选中需要调节音量的轨道，此处选择的是背景音乐轨道，点击底部工具栏中的"音量"按钮■，如图4-63所示。

拖动音量滑块，即可设置所选音频的音量。默认音量为100，此处适当降低背景音乐的音量，将其调整为60，点击右下角的☑按钮保存，如图4-64所示。

 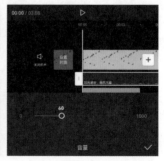

图4-63　　　　　　　　　　　　图4-64

选中音效轨道，并点击底部工具栏中的"音量"按钮■，如图4-65所示。适当增加音效的音量，此处将其调节为126，点击右下角的☑按钮保存，如图4-66所示。

使用这种方法可单独调整音轨音量，让声音更具有层次感。

需要强调的是，如果视频素材本身就有声音，当用户想关闭视频原声时，可以在时间轴中点击"关闭原声"按钮 🔊，如图4-67所示。

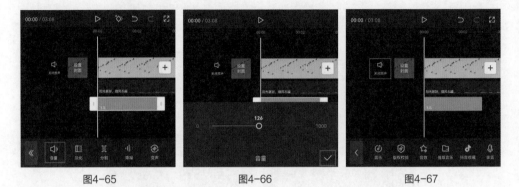

图4-65　　　　　　　　　图4-66　　　　　　　　　图4-67

4.4.6 剪映专业版中对音频进行个性化处理的方法

在剪辑项目中添加音乐素材后，在时间轴中选中素材，素材调整区将自动切换至"音频"功能区，用户可在该区域对音频进行淡化、变声、变速等处理。

1. 音频淡化

在时间轴中选中音频素材后，即可在界面右上角的"音频"功能区看到"淡入时长"与"淡出时长"滑块，如图4-68所示，用户可以通过拖动滑块自行设置音频的淡入时长和淡出时长，如图4-69所示。

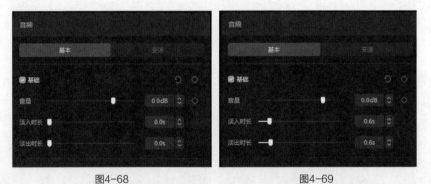

图4-68　　　　　　　　　图4-69

> **提示**
>
> 如需调整音频的音量，可以拖动"淡入时长"滑块上方的"音量"滑块。将滑块往右拖动，数值将变大，声音随之变大；将滑块往左拖动，数值将变小，声音会随之变小。

2. 音频变声

在时间轴中选中音频素材，在界面右上角的"音频"功能区勾选"变声"复选框，如图4-70所示。然后单击"无"选项右侧的下拉按钮 ▼，即可展开"变声"选项的下拉列表，用户可以根据实际需求选择声音效果，如图4-71所示。

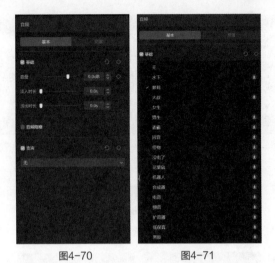

图4-70 图4-71

3. 音频变速

在时间轴中选中音频素材,在界面右上角的"音频"功能区单击"变速"按钮,切换至"变速"选项栏,如图4-72所示。用户可以在"变速"选项栏中通过左右拖动"倍数"滑块,对音频素材进行减速或加速处理。

当"倍数"滑块停留在1.0x数值处时,代表此时音频以正常速度播放。当用户向左拖动滑块时,音频素材将减速,且素材时长会变长;当用户向右拖动滑块时,音频素材将加速,且素材时长将变短。

在进行变速处理时,如果想对音频进行变调处理,可以单击打开下方的"声音变调"开关,操作完成后,音频素材的声音将会发生改变。

图4-72

4.4.7 案例训练:打造魔幻歌声效果

本案例介绍的是魔幻歌声的制作方法,主要使用剪映的"音乐"和"变声"功能。下面介绍具体的操作方法。

01 从剪映的素材库中选择一段唱歌的绿幕素材,点击底部工具栏中的"音频"按钮 ♫,打开音频选项栏,点击"音乐"按钮 ◎,如图4-73和图4-74所示,进入剪映的音乐素材库,切换至"收藏"选项,选择图4-75所示的音乐,点击"使用"按钮 使用 。

113

图4-73   图4-74   图4-75

02 在时间轴中选中音频素材，点击底部工具栏中的"变声"按钮，如图4-76所示，打开"变声"选项栏，选择"萝莉"效果，点击右下角的✅按钮保存，如图4-77所示。

03 将时间线移动至视频的结尾处，选中音乐素材，点击底部工具栏中的"分割"按钮**Ⅱ**，再点击"删除"按钮**▣**，将多余的音乐素材删除，如图4-78和图4-79所示。

 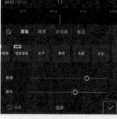  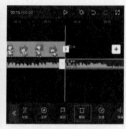

图4-76   图4-77   图4-78   图4-79

04 在时间轴中选中音乐素材，点击底部工具栏中的"淡化"按钮**▣**，如图4-80所示，在底部选项栏中滑动"淡出时长"滑块，将数值设置为1s，点击右下角的✅按钮保存，如图4-81所示。

05 点击界面右上角的"导出"按钮 导出，将视频保存至相册，效果如图4-82所示。

 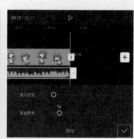 

图4-80   图4-81   图4-82

4.5 制作卡点音乐视频

　　音乐卡点是如今各大视频平台上一种比较热门的玩法，通过后期处理，将视频画面的每一次转换与音乐鼓点相匹配，整个视频的节奏感变得较强。

4.5.1　卡点视频的分类

　　卡点视频一般分为两类，分别是图片卡点和视频卡点。图片卡点是指将多张图片组合成一个视频，图片会根据音乐的节奏进行有规律的切换；视频卡点则是根据音乐节奏进行转场或内容变化，或是高潮情节与音乐的某个节奏点同步。

1. 图片卡点

　　图片卡点比视频卡点的操作要简单一些，只需要将图片导入项目，然后根据背景音乐的节奏对图片进行有序重组和时长分割，使图片切换的时间点和音乐的节奏点匹配上即可。

2. 视频卡点

　　视频卡点的操作难度较高，如果不是一镜到底的视频内容，就需要注意画面表现和镜头变化了。在具体制作时，创作者要根据音乐节奏合理地截取或选取内容，否则制作出来的卡点视频就算节奏对上了，画面转变也会显得很突兀。

　　这里为大家讲解一个技巧。在制作卡点视频时，针对一些节奏感强烈且音乐层次明显的背景音乐，可以将轨道放大，这样可以很好地观察音乐的波形。节奏变化强烈的音乐的波形起伏往往会非常明显，通常波形的高峰处就是鼓点所在的位置，此时可以在鼓点位置对片段进行加速处理，使片段配合鼓点进行播放和转场。

4.5.2　手动卡点和自动卡点

　　以往使用视频剪辑软件制作卡点视频时，往往需要一边试听音频效果，一边手动标记节奏点，可以说是一项既费时又费力的事情，因此制作卡点视频让很多新手望而却步。剪映针对新手用户推出了特色"踩点"功能，不仅支持用户手动标记节奏点，还能帮助用户快速分析背景音乐，自动生成节奏标记点。

1. 手动卡点

　　在时间轴中添加音乐素材后，选中音乐素材，点击底部工具栏中的"踩点"按钮，如图4-83所示。在打开的"踩点"选项栏中，将时间线移动至需要进行标记的时间点，然后点击"添加点"按钮，如图4-84所示。

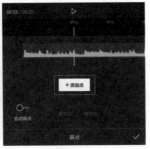

图4-83　　　　　　　　图4-84

　　完成上述操作后，即可在时间线所在的位置添加一个黄色的标记，如图4-85所示。如果对添加的标记不满意，点击"删除点"按钮即可将标记删除。

标记点添加完成后，点击 ✓ 按钮即可保存，此时在轨道区域可以看到刚刚添加的标记点，如图4-86所示，根据标记点所处位置可以轻松地对视频进行剪辑，完成卡点视频的制作。

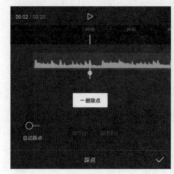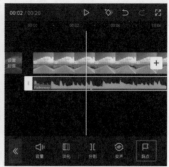

图4-85　　　　　　　　　　　　　　　图4-86

2. 自动卡点

在时间轴中添加音乐素材后，选中音乐素材，点击底部工具栏中的"踩点"按钮 ⚐，如图4-87所示。在打开的踩点选项栏中点击"自动踩点"按钮，将"自动踩点"功能打开，用户可以根据自己的需求选择"踩节拍Ⅰ"或"踩节拍Ⅱ"选项，完成选择后点击 ✓ 按钮保存，此时音乐素材下方会自动生成黄色的标记点，如图4-88所示。

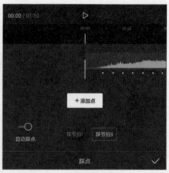

图4-87　　　　　　　　　　　　　　　图4-88

4.5.3 知识课堂：制作抽帧卡点效果

所谓抽帧，其实就是将视频中的一部分画面删除。当删除推镜或者拉镜视频中的一部分画面时，就会形成景物突然放大或缩小的效果。这种效果随着音乐的节拍出现，就是抽帧卡点效果了，具体操作方法如下。

首先，在剪映中添加一段视频素材，点击底部工具栏中的"音频"按钮 ♫，打开音频选项栏，点击"抖音收藏"按钮 ♫，如图4-89和图4-90所示。

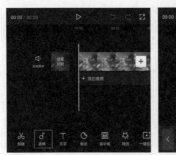

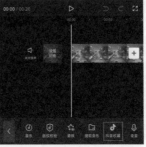

图4-89　　　　　　　　　　图4-90

在"抖音收藏"音乐列表中选择一首自己喜欢的卡点音乐，点击"使用"按钮，如图4-91所示。在时间轴中选中音乐素材，点击底部工具栏中的"踩点"按钮⯐，如图4-92所示。

图4-91　　　　　　　　　　图4-92

在"踩点"选项栏中点击"自动踩点"按钮，选择"踩节拍Ⅱ"选项，点击右下角的✓按钮保存，如图4-93所示。将时间线移动至第1个节拍点所在的位置，选中视频素材，点击底部工具栏中的"分割"按钮╫，如图4-94所示。

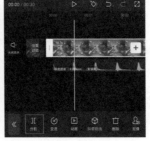

图4-93　　　　　　　　　　图4-94

再将时间线移动至第2个节拍点所在的位置，再次点击底部工具栏中的"分割"按钮╫，然后选中分割出来的第2段素材，点击底部工具栏中的"删除"按钮🗑，将其删除，如图4-95和图4-96所示。

将中间的片段删除后，两个视频会直接衔接起来，如图4-97所示，这样就有了抽帧效果。

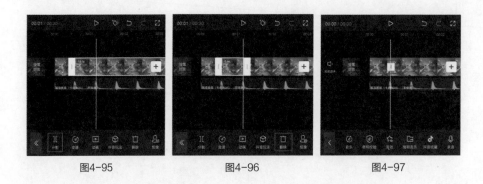

| 图4-95 | 图4-96 | 图4-97 |

4.5.4 剪映专业版中制作卡点音乐视频的方法

剪映专业版的"踩点"功能按钮位于常用功能区，在时间轴中选中音频素材后，即可在常用功能区看到"自动踩点"和"手动踩点"功能按钮。

1. 手动踩点

在时间轴中添加音乐素材后，选中音乐素材，将时间线移动至需要进行标记的时间点，然后单击"手动踩点"按钮，如图4-98所示。

图 4-98

完成上述操作后，即可在时间线所在的位置添加一个黄色的标记，如图4-99所示。如果对添加的标记不满意，可单击"删除踩点"按钮将标记删除，如图4-100所示。

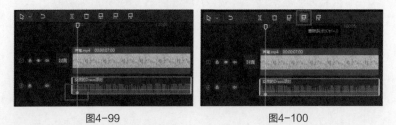

| 图4-99 | 图4-100 |

> **提示**
>
> 单击"删除踩点"按钮可将选中的某一个标记点删除，而单击"清除踩点"按钮可将音频素材上的所有标记点清除。

2. 自动踩点

在时间轴中添加多段素材后，选中音乐素材，然后在常用功能区单击"自动踩点"按钮，如图4-101所示，打开"自动踩点"下拉列表，用户可以根据自己的需求选择"踩节拍Ⅰ"或"踩节拍Ⅱ"选项，完成选择后，音乐素材下方会自动生成黄色的标记点，如图4-102所示。

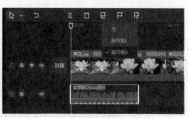

图4-101　　　　　　　　　　　　　　图4-102

完成音乐的踩点操作之后，可根据节拍点调整素材的持续时长，使两段素材之间的衔接点正好位于音乐的节拍点位置，如图4-103所示，从而形成画面根据音乐的节奏而变化的效果。

图4-103

4.5.5　综合训练：制作动画转场卡点短视频

本案例介绍的是动画转场卡点短视频的制作方法，主要使用剪映的"踩点"和"动画"功能。下面介绍具体的操作方法。

01 打开剪映App，在主界面点击"开始创作"按钮 ⊡，进入素材添加界面，切换至"视频"选项，依次选择24段"城市夜景"视频素材，点击"添加"按钮，如图4-104所示。进入视频编辑界面，点击底部工具栏中的"音频"按钮 🎵，如图4-105所示。

图4-104　　　　　　　　　　　图4-105

02 在音频选项栏中点击"抖音收藏"按钮 🎵，如图4-106所示，选择图4-107所示的音乐，点击"使用"按钮 使用。

图4-106　　　　　　　　　　　图4-107

03 在时间轴中选中音乐素材，点击底部工具栏中的"踩点"按钮 ⚑，如图4-108所示。在"踩点"选项栏中点击"自动踩点"按钮，选择"踩节拍Ⅱ"选项，点击 ✓ 按钮保存，如图4-109所示。

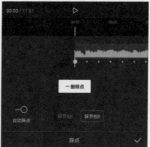

图4-108　　　　　　　　　　　图4-109

04 将时间线移动至第2个节拍点所在的位置，选中第1段素材，点击底部工具栏中的"分割"按钮 Ⅱ，再点击"删除"按钮 🗑，将多余的素材删除，如图4-110和图4-111所示。

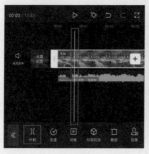

图4-110　　　　　　　　　　　图4-111

05 参照步骤04的操作方法，根据音乐素材上的节拍点对余下的视频素材进行处理，如图4-112所示；选中第1段素材，点击底部工具栏中的"动画"按钮▶，如图4-113所示。

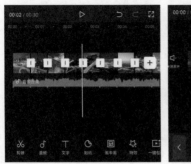

图4-112　　　　　　　　　　　　图4-113

06 打开动画选项栏，点击"入场动画"按钮▣，如图4-114所示，在"入场动画"选项栏中选择"动感放大"效果，点击右下角的▼按钮保存，如图4-115所示。

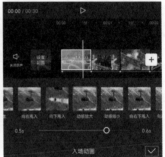

图4-114　　　　　　　　　　　　图4-115

07 参照步骤06的操作方法，为余下的素材添加自己喜欢的入场动画效果。将时间线移动至视频的结尾处，选中音乐素材，点击底部工具栏中的"分割"按钮▐▌，再点击"删除"按钮▣，将多余的音乐素材删除，如图4-116和图4-117所示。

图4-116　　　　　　　　　　　　图4-117

08 在时间轴中选中片尾，点击底部工具栏中的"删除"按钮▣，将剪映自带的片尾去除，如图4-118和图4-119所示。

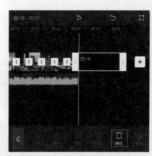

图4-118   图4-119

09 点击界面右上角的"导出"按钮 导出 ，将视频保存至相册，效果如图4-120和图4-121所示。

图4-120   图4-121

4.5.6 综合训练：制作关键帧卡点短视频

本案例介绍的是关键帧卡点短视频的制作方法，主要使用剪映的"踩点"和关键帧功能。下面介绍具体的操作方法。

01 打开剪映App，在主界面点击"开始创作"按钮 ⊡ ，进入素材添加界面，切换至"视频"选项，依次选择17段"人物背影"视频素材，点击"添加"按钮，如图4-122所示。进入视频编辑界面，点击底部工具栏中的"音频"按钮 ♪ ，如图4-123所示。

图4-122   图4-123

02　在音频选项栏中点击"抖音收藏"按钮 ♪，如图4-124所示，选择图4-125所示的音乐，点击"使用"按钮 使用 。

图4-124　　　　　　图4-125

03　在时间轴中选中音乐素材，点击底部工具栏中的"踩点"按钮 ▣，如图4-126所示。在"踩点"选项栏中点击"自动踩点"按钮，选择"踩节拍Ⅱ"选项，完成选择后点击右下角的 ✓ 按钮保存，如图4-127所示。

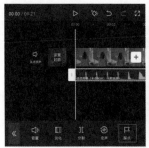
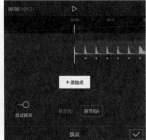

图4-126　　　　　　图4-127

04　将时间线移动至第2个节拍点所在的位置，选中第1段素材，点击底部工具栏中的"分割"按钮 Ⅱ，再点击"删除"按钮 ▯，将多余的素材删除，如图4-128和图4-129所示。

图4-128　　　　　　图4-129

05 参照步骤04的操作方法，根据音乐素材上的节拍点对余下的视频素材进行处理。将时间线移动至视频的起始位置，选中第1段素材，在预览区捏合双指，将画面缩小，点击界面中的 ◈ 按钮，添加一个关键帧，如图4-130所示。

06 将时间线移动至第1段素材的结尾处，在预览区分开双指，将画面放大，此时剪映会自动在时间线所在的位置打上一个关键帧，如图4-131所示。

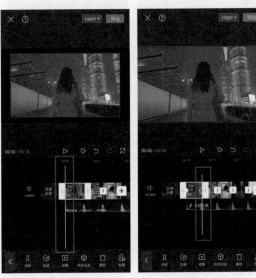

图4-130　　　　　　　　图4-131

07 参照步骤05和步骤06的操作方法为第2至第6段素材添加关键帧。将时间线移动至第7段素材的起始位置，选中素材，点击界面中的 ◈ 按钮，添加一个关键帧，如图4-132所示。

08 将时间线移动至第7段素材的结尾处，在预览区捏合双指，将画面缩小，此时剪映会自动在时间线所在的位置打上一个关键帧，如图4-133所示。

图4-132　　　　　　　　图4-133

09　参照步骤07和步骤08的操作方法为第7至第17段素材添加关键帧。将时间线移动至视频的结尾处，选中音乐素材，点击底部工具栏中的"分割"按钮 ⅠⅠ，再点击"删除"按钮 □，将多余的音乐素材删除，如图4-134和图4-135所示。

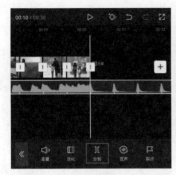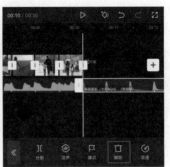

图4-134　　　　　　　　　图4-135

10　在时间轴中选中片尾，点击底部工具栏中的"删除"按钮 □，将剪映自带的片尾去除，如图4-136和图4-137所示。

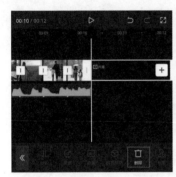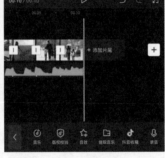

图4-136　　　　　　　　　图4-137

11　点击界面右上角的"导出"按钮 导出，将视频保存至相册，效果如图4-138和图4-139所示。

图4-138　　　　　　　　　图4-139

4.5.7　综合训练：制作曲线变速卡点短视频

　　本案例介绍的是曲线变速卡点短视频的制作方法，主要使用剪映的"踩点"和"曲线变速"功能。下面介绍具体的操作方法。

01 打开剪映App，在主界面点击"开始创作"按钮 🔘，进入素材添加界面，切换至"视频"选项，依次选择17段"古建筑"的视频素材，点击"添加"按钮，如图4-140所示。进入视频编辑界面，点击底部工具栏中的"音频"按钮 🎵，如图4-141所示。

02 在音频选项栏中点击"抖音收藏"按钮 🎵，如图4-142所示，选择图4-143所示的音乐，点击"使用"按钮 使用 。

图4-140

图4-141

图4-142

图4-143

03 在时间轴中选中音乐素材，点击底部工具栏中的"踩点"按钮 🚩，如图4-144所示。在"踩点"选项栏中点击"自动踩点"按钮，选择"踩节拍Ⅱ"选项，如图4-145所示。

04 在"踩点"选项栏中分开双指，将音乐轨道拉长，点击"添加点"按钮，在音频素材的开端根据音乐节拍手动添加5个节拍点，添加完成后点击右下角的 ✓ 按钮保存，如图4-146所示。

图4-144

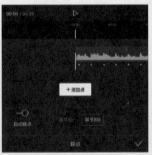
图4-145

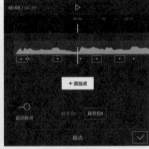
图4-146

05 将时间线移动至第1个节拍点所在的位置，选中第1段素材，点击底部工具栏中的"分割"按钮 ✂，将素材一分为二，如图4-147所示。

06 选中分割出来的后半段素材，点击底部工具栏中的"删除"按钮 🗑，将其删除，如图4-148所示。参照上述操作方法，根据音乐素材的节拍点对第2至第8段素材进行剪辑，如图4-149所示。

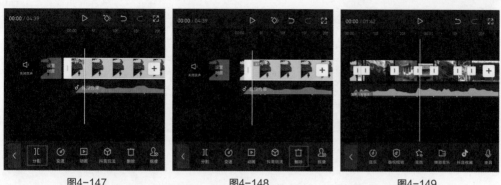

图4-147　　　　　　　图4-148　　　　　　　图4-149

07 在时间轴中选中第9段素材，点击底部工具栏中的"变速"按钮 ◎，打开变速选项栏，点击
"曲线变速"按钮 █，如图4-150和图4-151所示。

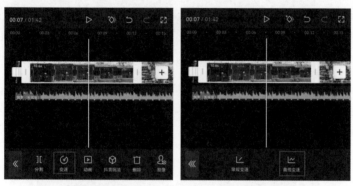

图4-150　　　　　　　　　　图4-151

08 在打开的"曲线变速"选项栏中选择"自定"选项，在该图标变红后，再次点击图标中的
"点击编辑"按钮，如图4-152和图4-153所示。

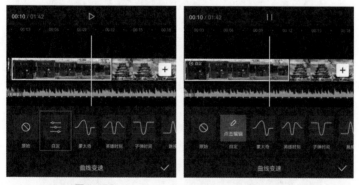

图4-152　　　　　　　　　　图4-153

09 在曲线编辑面板中选中预设的锚点，点击"删除点"按钮，如图4-154所示。参照上述操作
方法将面板中预设的3个锚点删除后，将第1个锚点向上拖动至6.6x的位置，如图4-155所示。

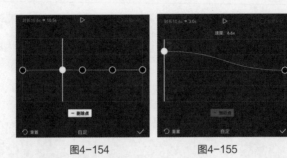

图4-154   图4-155

10 将时间线移动至慢动作画面开始的位置，点击"添加点"按钮，并将新添加的锚点向下拖动至1.3x的位置，如图4-156和图4-157所示。

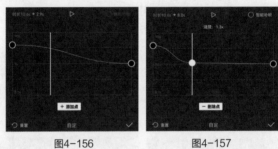

图4-156   图4-157

11 将时间线移动至慢动作画面结束的位置，点击"添加点"按钮，如图4-158所示，并将第4个锚点向上拖动至6.6x的位置，如图4-159所示。

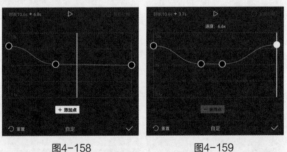

图4-158   图4-159

12 参照步骤07至步骤11的操作方法，为第10段至第17段素材添加曲线变速效果。将时间线定位至第9段和第10段素材之间的位置，点击底部工具栏中的"音效"按钮，如图4-160所示，打开音效选项栏，选择图4-161所示的转场音效，点击"使用"按钮 使用 。

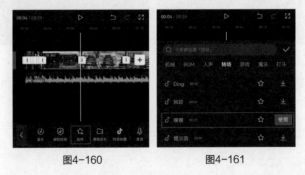

图4-160   图4-161

13 参照步骤12的操作方法，在第13段至第14段、第14段至第15段、第15段至第16段素材之间均添加上转场音效，如图4-162所示。将时间线移动至视频的结尾处，选中音乐素材，点击底部工具栏中的"分割"按钮 ，将音乐素材一分为二，如图4-163所示。

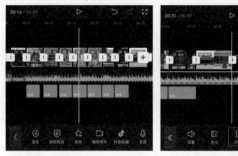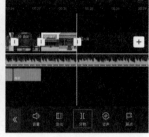

图4-162　　　　　　　　　　　　　　　　图4-163

14 选中分割出来的后半段音乐素材，点击底部工具栏中的"删除"按钮 ，将其删除，如图 4-164所示。

15 在时间轴中选中片尾，点击底部工具栏中的"删除"按钮 ，将剪映自带的片尾删除，如图4-165所示。

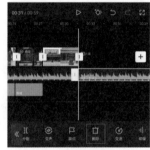

图4-164　　　　　　　　　　　　　　　　图4-165

16 点击界面右上角的"导出"按钮 导出 ，将视频保存至相册，效果如图4-166和图4-167所示。

图4-166　　　　　　　　　　　　　　　　图4-167

第**5**章

添加字幕
让视频更有文艺范

平时在刷短视频的时候，常常可以看到很多短视频中都添加了非常好看的字幕，或用作歌词，或用作语音解说，让观众在短短几秒内就能看懂更多视频内容，同时这些字幕还有助于观众记住发布者想表达的信息，吸引他们点赞和关注。

5.1 添加字幕完善视频内容

　　字幕其实就是将语音内容以文字的方式显示在画面中，在剪映里，用户既可以手动添加字幕，也可以使用剪映的"识别字幕"和"识别歌词"功能将视频的语言自动转化为字幕。

5.1.1 手动添加字幕

　　创建剪辑项目后，在未选中素材的状态下，点击底部工具栏中的"文字"按钮 ，在打开的文字选项栏中点击"新建文本"按钮 ，如图5-1和图5-2所示。

 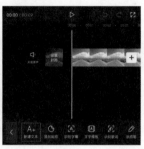

图5-1　　　　　　　　　　　　图5-2

　　此时界面底部将弹出键盘，用户可以根据实际需求输入文字，文字将同步显示在预览区，如图5-3所示，操作完成后点击 按钮，即可在时间轴中生成文字素材，如图5-4所示。

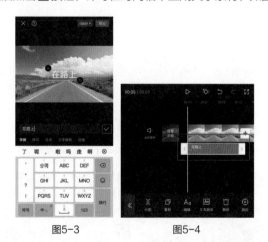

图5-3　　　　　　　　　　　　图5-4

5.1.2 自动识别字幕

　　剪映内置的"识别字幕"功能可以对视频中的语言进行智能识别，然后将其自动转化为字幕。使用该功能可以快速且轻松地完成字幕的添加工作，达到节省工作时间的目的。

　　创建剪辑项目后，在未选中素材的状态下，点击底部工具栏中的"文字"按钮 ，在打开的文字选项栏中点击"识别字幕"按钮 ，如图5-5和图5-6所示。

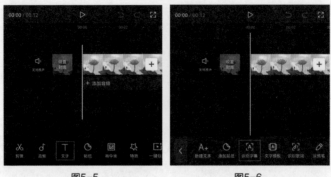

图5-5 　　　　　　　　　　　　　图5-6

在"识别字幕"选项栏中点击"开始匹配"按钮，如图5-7所示，等待片刻，识别完成后，时间轴中将自动生成文字素材，如图5-8所示。

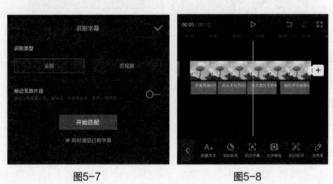

图5-7 　　　　　　　　　　　　　图5-8

5.1.3 自动识别歌词

在剪辑项目中添加背景音乐后，使用"识别歌词"功能可以对音乐的歌词进行自动识别，并生成相应的文字素材，这对于一些想制作MV短片、卡拉OK视频效果的创作者来说，是非常省时省力的。

在剪辑项目中添加视频和音频素材后，在未选中素材的状态下，点击底部工具栏中的"文字"按钮，如图5-9所示。在打开的文字选项栏中点击"识别歌词"按钮，如图5-10所示。

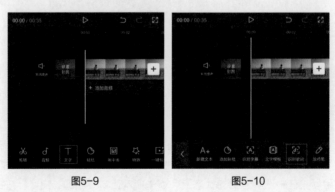

图5-9 　　　　　　　　　　　　　图5-10

在"识别歌词"选项栏中点击"开始匹配"按钮，如图5-11所示。等待片刻，识别完成后，时间轴中将自动生成多段文字素材，并且生成的文字素材将自动匹配至相应的时间点，如图5-12所示。

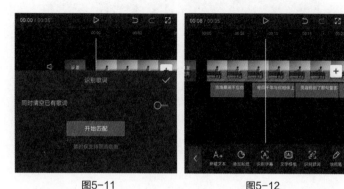

图5-11   图5-12

高手秘籍

　　在识别人物台词时，如果人物说话的声音太小或者语速过快，会影响字幕自动识别的准确性。此外，在识别歌词时，受演唱时的发音影响，容易造成字幕出错。因此在完成字幕和歌词的自动识别工作后，一定要检查一遍，及时对错误的文字内容进行修改。

5.1.4 知识课堂：将文字转化为语音

　　想必大家在刷抖音时经常会听到一些很有意思的声音，尤其是在一些搞笑类的视频中。有些人以为这些声音是为视频配音后再做变声处理得到的，其实没有那么麻烦，利用"文本朗读"功能就可以轻松实现。

　　在剪辑项目中添加文字素材后，选中文字素材，点击底部工具栏中的"文本朗读"按钮 🅰，如图5-13所示。在"音色选择"选项栏中可以看到有"特色方言""趣味歌唱""萌趣动漫"等不同选项，每个选项的选项栏中都有不同的声音效果，如图5-14所示。

图5-13   图5-14

　　可以根据实际需求选择合适的声音效果，点击某种声音效果时，可进行试听，如图5-15所示。试听完毕，点击右下角的 ✅ 按钮，时间轴中将自动生成语音，如图5-16所示。

图5-15　　　　　　　　　　　　　图5-16

5.1.5 案例训练：为情景短片添加歌词字幕

　　本案例介绍的是为视频添加歌词的操作方法，主要使用剪映的"音乐"和"识别歌词"功能。下面介绍具体的操作方法。

01 打开剪映App，在主界面点击"开始创作"按钮 ⊞，进入素材添加界面，选择一段背景视频素材，点击"添加"按钮，将素材添加至剪辑项目中。

02 进入视频编辑界面后，点击底部工具栏中的"音频"按钮 d，打开音频选项栏，点击其中的"音乐"按钮 ◎，如图5-17和图5-18所示。

03 进入剪映的音乐素材库，在"伤感"选项中选择图5-19所示的音乐，点击"使用"按钮 使用，将其添加至剪辑项目中，在未选中任何素材的状态下，点击底部工具栏中的"文字"按钮 T，如图5-20所示。

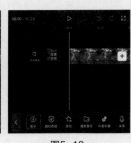

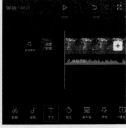

图5-17　　　　　　　　图5-18　　　　　　　　图5-19　　　　　　　　图5-20

04 在文字选项栏中点击"识别歌词"按钮 ◎，再在"识别歌词"选项栏中点击"开始匹配"按钮，如图5-21和图5-22所示。

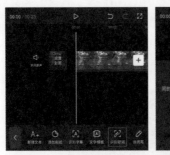

图5-21　　　　　　　　　　图5-22

05 等待片刻，识别完成后，时间轴中将自动生成歌词字幕，选中任意一段字幕，点击底部工具栏中的"批量编辑"按钮 ，如图5-23所示，进入编辑界面，对歌词进行审校，审校完成后点击✔按钮保存，如图5-24所示。

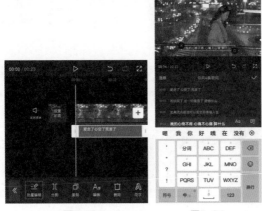

图5-23　　　　　　　　　　图5-24

06 点击界面右上角的"导出"按钮 导出，将视频保存至相册，效果如图5-25和图5-26所示。

图5-25　　　　　　　　　　　　图5-26

5.2　美化字幕

在剪映中添加字幕后，用户还可以使用"编辑"功能设置字幕样式，从而进一步美化字幕，或者使用剪映的"花字"或"文字模板"功能一键制作出各种精彩的艺术字效果。

5.2.1 设置字幕样式

设置字幕样式的方法有两种，第一种是在创建字幕时，选择文本输入栏下方的"样式"选项，从而切换至字幕样式选项栏，如图5-27所示。

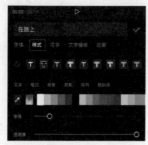

图5-27

第二种方法，若在剪辑项目中已经创建了字幕，需要对文字的样式进行设置，则可以在时间轴中选中文字素材，然后点击底部工具栏中的"编辑"按钮 A₂，打开字幕样式选项栏，如图5-28和图5-29所示。

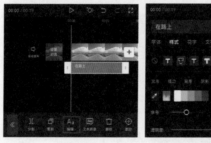 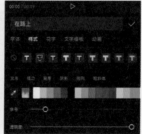

图5-28　　　　　　　　　图5-29

打开字幕样式选项栏后，可对文字的字体、颜色、描边、背景、阴影等属性进行设置。

5.2.2 花字效果

剪映内置了很多花字模板，可以一键制作出各种精彩的艺术字效果，其应用方法很简单。

在剪辑项目中添加视频素材后，点击底部工具栏中的"文字"按钮 T，打开文字选项栏，点击其中的"新建文本"按钮 A₊，如图5-30和图5-31所示。

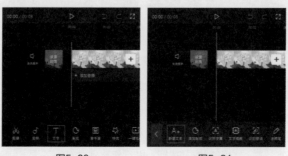

图5-30　　　　　　　　　图5-31

在文本框中输入符合短视频主题的文字内容，在预览区按住文字素材并拖曳，调整好文字的位置，如图5-32所示。

选择文本输入栏下方的"花字"选项，从而切换至花字选项栏，选择需要的花字样式，即可快速让文字应用花字效果，如图5-33所示。

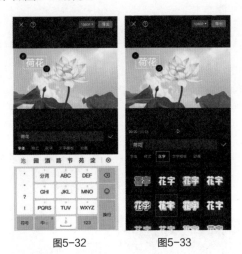

图5-32　　　　　图5-33

5.2.3 应用文字模板

平时在刷短视频时，很多用户都会在视频中看到一些很有意思的字幕，如一些小贴士、小标签等，这些字幕可以在恰当的时刻很好地活跃视频的气氛，吸引观众，为视频画面大大增色。在剪映中，可以利用"文字模板"功能一键添加字幕。

在剪辑项目中添加视频素材后，点击底部工具栏中的"文字"按钮 ■，打开文字选项栏，点击其中的"文字模板"按钮 ■，如图5-34和图5-35所示。

打开模板选项栏，可以看到里面有新闻、带货、情绪、综艺感、旅行等不同类别的文字模板，如图5-36所示。用户可以根据自己的实际需求进行选择，在选项栏中选择任意一款字幕，即可将其添加至画面中，在预览区还可以调整字幕的大小和位置，如图5-37所示。

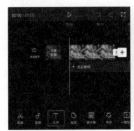
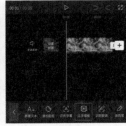

图5-34　　　　　　图5-35　　　　　　图5-36　　　　　　图5-37

5.2.4 案例训练：为萌宠视频添加综艺花字

本案例介绍的是综艺花字的制作方法，主要使用剪映的"花字"和"添加贴纸"功能。下面介绍具体的操作方法。

01 打开剪映App，在主界面点击"开始创作"按钮 ⊞，进入素材添加界面，选择一段背景视频素材，点击"添加"按钮，将素材添加至剪辑项目中。

02 进入视频编辑界面后，点击底部工具栏中的"文字"按钮 ❚，打开文字选项栏，点击其中的"新建文本"按钮 Aₜ，如图5-38和图5-39所示。

03 在文本框中输入需要添加的文字内容，选择文本框下方的"花字"选项，切换至花字选项栏，选择图5-40所示的花字样式，在预览区调整好文字的大小和位置，点击 ✔ 按钮保存，再点击底部工具栏中的返回按钮 《，如图5-41所示。

 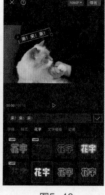 

图5-38 　　图5-39 　　图5-40 　　图5-41

04 点击底部工具栏中的"添加贴纸"按钮 ◔，打开贴纸选项栏，在搜索框中输入关键词，点击键盘中的"搜索"按钮，如图5-42和图5-43所示。

05 在搜索出的贴纸选项中选择图5-44所示的贴纸，并在预览区调整好贴纸的大小和位置。

06 将时间线移动至文字素材和贴纸素材消失的位置，在时间轴中调整好字幕轨道和贴纸轨道的长度，如图5-45所示。

 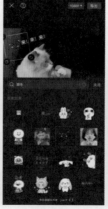 

图5-42 　　图5-43 　　图5-44 　　图5-45

07 参照步骤02至步骤06的操作方法，根据视频的画面内容为视频添加其他的字幕和贴纸，如图5-46所示。将时间线移动至视频的起始位置，点击底部工具栏中的"音频"按钮 ♪，如图5-47所示。

08 在音频选项栏中点击"音乐"按钮 ♫，如图5-48所示，进入剪映的音乐素材库，在"萌宠"选项中选择图5-49所示的音乐，点击"使用"按钮 使用。

图5-46

图5-47

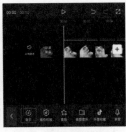
图5-48

图5-49

09 将时间线移动至视频的结尾处，选中音乐素材，点击底部工具栏中的"分割"按钮 Ⅱ，再点击"删除"按钮 🔲，将多余的音乐素材删除，如图5-50和图5-51所示。

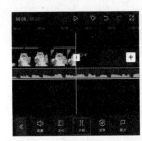
图5-50

图5-51

10 点击界面右上角的"导出"按钮 导出，将视频保存至相册，效果如图5-52和图5-53所示。

图5-52

图5-53

5.3 在剪映专业版中添加字幕

剪映专业版的"文本"功能按钮位于工具栏中，用户在工具栏中单击"文本"按钮后，即可在文本选项栏中看到"新建文本""花字""文字模板""智能字幕""识别歌词""本地字幕"6个选项。

5.3.1 新建文本

打开剪映专业版软件，在剪辑项目中添加视频素材并将其添加到时间轴中。然后在工具栏中单击"文本"按钮，在"新建文本"选项中单击"默认文本"右下角的"添加到轨道"按钮，即可在时间轴中添加一个文本轨道，而界面右上角的素材调整区会随之切换至"文本"功能区，如图5-54所示。

图5-54

在"文本"功能区，用户可以在文本框中输入需要添加的文字内容，也可以自由设置文字的字体、颜色、描边、边框、阴影和排列方式等属性，以便制作出不同样式的文字效果。图5-55所示的字幕效果使用了"蝉影隶书"字体、橙色描边和阴影。

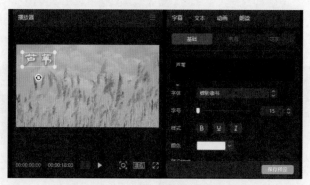

图5-55

5.3.2 花字

打开剪映专业版软件，在剪辑项目中添加视频素材并将其添加到时间轴中。然后在工具栏中

单击"文本"按钮 Ｔ，在文本选项栏中单击"花字"按钮，打开花字选项栏，将其中任意一款花
字样式拖入时间轴中，即可完成花字样式的调用，如图5-56所示。

图5-56

时间轴中生成文本轨道后，用户可以在"文本"功能区的文本框中输入需要添加的文字内
容，并设置其字体和大小等属性，图5-57所示的字幕效果使用了"烈金体"字体。

图5-57

提示

　　文字模板的应用方法与花字的应用方法一致，在文本选项栏中单击"文字模板"按
钮，切换至文字模板选项栏，将其中任意一款文字模板拖入时间轴中，即可完成该模板的
调用。

5.3.3 智能字幕

　　剪映专业版的"智能字幕"功能包含"识别字幕"和"文稿匹配"两个选项，其中"识别字
幕"是短视频创作者经常使用的一项功能，特别是在创作口播类视频的时候。

　　打开剪映专业版软件，在剪辑项目中添加视频素材并将其添加到时间轴中。然后在工具栏中
单击"文本"按钮 Ｔ，在文本选项栏中单击"智能字幕"按钮，打开智能字幕选项栏，单击"识
别字幕"中的"开始识别"按钮，等待片刻，识别完成后，时间轴中将自动生成文字素材。

　　选中文字素材，可以在"文本"功能区自由设置文字的字体、颜色、描边、边框、阴影和

排列方式等属性，如图5-58所示。

图5-58

5.3.4 知识课堂：使用"预设"功能保存字幕样式

打开剪映专业版软件，在剪辑项目中添加视频素材并将其添加到时间轴中。然后在工具栏中单击"文本"按钮 🔳，在"新建文本"选项中单击"默认文本"中的"添加到轨道"按钮 🔘，即可在时间轴中添加一个文本轨道。

在"文本"功能区的文本框中输入需要添加的文字内容，并根据实际需要对文字的字体、颜色、描边等属性进行适当的设置，设置完成后单击下方的"保存预设"按钮，将设置好的文本样式保存至"新建文本"选项栏"我的预设"中，如图5-59所示。

图5-59

将时间线移动至需要添加第2段文案的位置，在"新建文本"选项中单击"预设文本1"中的"添加到轨道"按钮 🔘，在时间轴中添加一个文本轨道，然后在"文本"功能区的文本框中将文字修改为需要添加的内容，在预览区可以看到刚刚输入的文案与第1段文案的字幕样式一模一样，如图5-60所示。

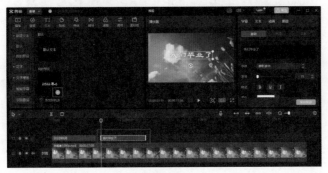

图5-60

5.4 让文字"动起来"的方法

在剪映中完成基本字幕的创建之后，还可以通过为文字素材添加动画效果，来让画面中的文字呈现更加精彩的视觉效果。

5.4.1 利用动画效果让文字"动起来"

在剪映App中打开一个包含文字素材的剪辑草稿，选中一段文本轨道，并在底部工具栏中点击"动画"按钮 ，如图5-61所示。

打开动画选项栏，可以看到有"入场动画""出场动画""循环动画"3个选项。入场动画往往和出场动画一同使用，从而让文字的出现和消失更自然。选择一种入场动画效果后，下方会出现一个控制动画时长的滑块，如图5-62所示。

图5-61

图5-62

选择一种出场动画效果后，会出现一个控制动画时长的红色滑块。调整红色滑块，即可调节出场动画的时长，如图5-63所示。

循环动画往往需要文字在画面中长时间停留，且在用户希望其呈现动态效果时才会使用，在设置了循环动画效果后，下方的动画时长滑块将转换为动画速度滑块，用于调节动画效果的速度，如图5-64所示。

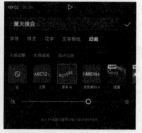

图5-63　　　　　　　　　　　　图5-64

5.4.2 打字动画效果后期制作方法

很多视频的标题都是通过打字效果进行展示的，这种效果的制作关键在于文字入场动画与音效的配合。下面将通过制作打字效果来展示如何灵活运用文字。

在剪映App中打开一个包含文字素材的剪辑草稿，选中一段文本轨道，并在底部工具栏中点击"动画"按钮 ◎，如图5-65所示，打开动画选项栏，添加"入场动画"分类下的"打字机Ⅰ"效果，然后点击 ☑ 按钮保存，如图5-66所示。

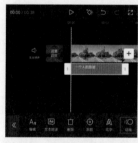

图5-65　　　　　　　　　　　　图5-66

将时间线定位至视频的起始位置，点击底部工具栏中的"音频"按钮 ♫，打开音频选项栏，点击"音效"按钮 ♨，如图5-67和图5-68所示。

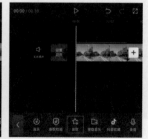

图5-67　　　　　　　　　　　　图5-68

打开音效选项栏，选择"机械"分类下的"打字声"音效，点击"使用"按钮，如图5-69所示。

想让文字随着打字的音效逐渐出现，就需要调节文字动画的速度。再次选中文本轨道，点击界面底部的"动画"按钮 ◎，如图5-70所示。

144

适当增加动画时长，直到最后一个文字出现的时间点与打字的音效结束的时间点基本一致即可。这里，当入场动画时长设置为1.5s时，与打字的音效基本匹配，如图5-71所示。至此，打字效果制作完成。

图5-69   图5-70   图5-71

5.4.3 案例训练：古诗词朗诵视频渐显字幕

本案例介绍的是古诗词朗诵视频渐显字幕的制作方法，主要使用剪映的"识别字幕"和"动画"功能。下面介绍具体的操作方法。

01 打开剪映App，在主界面点击"开始创作"按钮⊞，进入素材添加界面，选择一段背景视频素材，点击"添加"按钮，将素材添加至剪辑项目中。

02 进入视频编辑界面后，点击底部工具栏中的"文字"按钮，打开文字选项栏，点击其中的"识别字幕"按钮，如图5-72和图5-73所示。

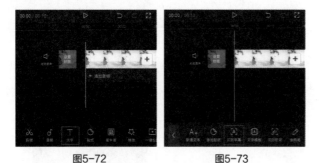

图5-72   图5-73

03 在"识别字幕"选项栏中点击"开始匹配"按钮，等待片刻，识别完成后，时间轴中将自动生成歌词字幕，点击底部工具栏中的"编辑"按钮，如图5-74和图5-75所示。

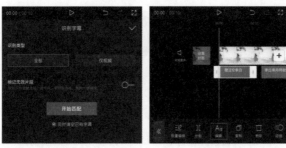

图5-74   图5-75

04 打开字体选项栏，选择"刘炳森"字体，如图5-76所示。点击切换至样式选项栏，选择"黑底白边"样式，并将"字号"设置为6，如图5-77所示。

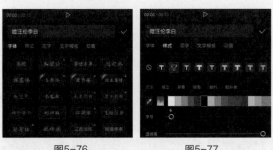

图5-76　　　　　　　　　　图5-77

05 在样式选项栏中选择"排列"选项，点击竖排按钮，并将"字间距"调整为2，如图5-78所示；取消选中"应用到所有字幕"选项，点击 ☑ 按钮保存，如图5-79所示。

图5-78　　　　　　　　　　图5-79

06 在不改变起始时间点的情况下，在时间轴中分别将第2段、第3段、第4段和第5段文字素材向下拖动，使它们各自分布在独立的轨道上，如图5-80所示。

07 完成上述操作后，在时间轴中调整文字素材的持续时长，使它们的尾部和视频素材的尾部对齐，并依次选择第1段、第2段、第3段、第4段、第5段文字素材，在预览区对文字素材的位置进行调整，如图 5-81所示。

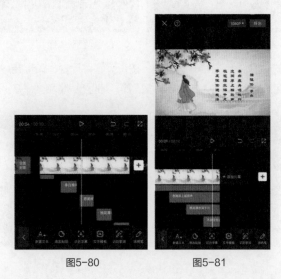

图5-80　　　　　　　　　　图5-81

08 在时间轴中选中第1段文字素材，点击底部工具栏中的"动画"按钮 ，如图5-82所示，打开动画选项栏，选择"入场动画"中的"向下擦除"效果，并将动画时长设置为1.5s，点击 ☑ 按钮保存，如图5-83所示。

图5-82　　　　　　　　　　图5-83

09 参照步骤08的操作方法，为余下4段文字素材添加"向下擦除"动画效果。点击界面右上角的"导出"按钮 导出 ，将视频保存至相册，效果如图5-84和图5-85所示。

图5-84　　　　　　　　　　图5-85

5.4.4　剪映专业版中添加文本动画的方法

在剪映专业版软件中打开一个包含文字素材的剪辑草稿，在时间轴中选中文字素材，在界面右上角的素材调整区选择"动画"选项，切换至动画选项栏，可以看到里面有"入场""出场""循环"3个动画选项。

选择一种入场动画效果后，下方会出现一个控制动画时长的滑块，拖动滑块，即可调节入场动画的时长，如图5-86所示。

选择一种出场动画效果后，会出现一个新的控制动画时长的滑块，拖动新滑块，即可调节出场动画的时长，如图5-87所示。

图5-86　　　　　　　　　　图5-87

为文字素材添加循环动画效果后，下方的"动画时长"滑块将转换为"动画快慢"滑块，用于调节动画效果的速度，如图5-88所示。

图5-88

5.5 爆款字幕效果案例

　　用户在刷抖音时，常常可以看到一些极具创意的字幕效果，如文字消散效果、片头镂空文字等，这些创意字幕可以非常有效地吸引用户眼球，引发用户关注和点赞，下面介绍一些常用的创意字幕的制作方法。

5.5.1 综合训练：烂漫唯美的文字消散效果

　　本案例介绍的是文字消散效果的制作方法，主要使用剪映的"动画"和"滤色"功能。下面介绍具体的操作方法。

01 打开剪映App，在主界面点击"开始创作"按钮➕，进入素材添加界面，选择一段背景视频素材，点击"添加"按钮，将素材添加至剪辑项目中。

02 进入视频编辑界面后，点击底部工具栏中的"文字"按钮Ｔ，打开文字选项栏，点击其中的"新建文本"按钮，如图5-89和图5-90所示。

图5-89

图5-90

03 在文本框中输入需要添加的文字内容，并在字体选项栏中选择"蝉影隶书"字体，如图5-91和图5-92所示。

图5-91　　　　　　　　图5-92

04 点击切换至样式选项栏，选择图5-93所示的样式，点击 ✅ 按钮保存。在时间轴中将文字素材的持续时长延长至4s，点击底部工具栏中的"动画"按钮 ◙，如图5-94所示。

05 在动画选项栏"出场动画"选项中选择"羽化向右擦除"效果，并将动画时长设置为3.7s，点击 ✅ 按钮保存，如图5-95所示。

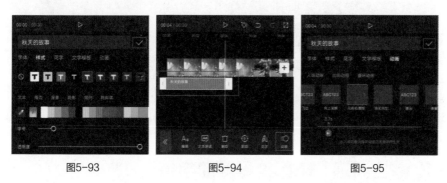

图5-93　　　　　　　　图5-94　　　　　　　　图5-95

06 将时间线移动至视频的起始位置，点击底部工具栏中的"画中画"按钮 ◙，如图5-96所示。

07 点击底部工具栏中的"新增画中画"按钮 ◙，如图5-97所示，打开手机相册，导入粒子素材，然后点击底部工具栏中的"混合模式"按钮 ◙，如图5-98所示。

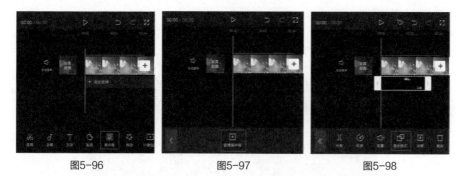

图5-96　　　　　　　　图5-97　　　　　　　　图5-98

08 在"混合模式"选项栏中选择"滤色"效果，点击 ✅ 按钮保存，如图5-99所示。在预览区将粒子素材放大，并将其移动至合适的位置，使其覆盖文字，如图5-100所示。

图5-99   图5-100

09 点击界面右上角的"导出"按钮 导出，将视频保存至相册，效果如图5-101和图5-102所示。

图5-101   图5-102

5.5.2 综合训练：电影片尾滚动字幕

本案例介绍的是电影片尾滚动字幕的制作方法，主要使用剪映的关键帧和"动画"功能。下面介绍具体的操作方法。

01 打开剪映App，在主界面点击"开始创作"按钮 ⊞，点击切换至"素材库"选项，选择黑场视频素材，点击"添加"按钮，将素材添加至剪辑项目中。

02 进入视频编辑界面后，点击底部工具栏中的"文字"按钮 T，打开文字选项栏，点击其中的"新建文本"按钮 A+，如图5-103和图5-104所示。

图5-103   图5-104

03 在文本框中输入需要添加的文字内容，点击切换至"样式"选项栏，将"字号"设置为5，如图5-105和图5-106所示。

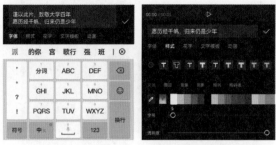

图5-105　　　　　　　　　图5-106

04 选择"排列"选项，将"字间距"设置为2，将"行间距"设置为10，并在预览区将文字素材移动至画面的右侧，点击☑按钮保存，如图5-107所示。

05 在时间轴中将文字素材和黑场素材的时长延长至38s，如图5-108所示。完成上述操作后，点击界面右上角的"导出"按钮，将视频保存至相册。

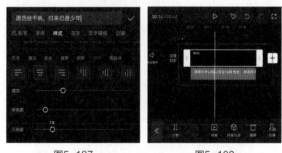

图5-107　　　　　　　　　图5-108

06 打开剪映App，在主界面点击"开始创作"按钮⊞，进入素材添加界面，选择一段背景视频素材，点击"添加"按钮，将素材添加至剪辑项目中。

07 进入编辑界面后，点击底部工具栏中的"变速"按钮◎，打开变速选项栏，点击"常规变速"按钮↙，如图5-109和图5-110所示。

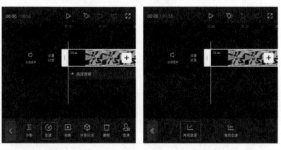

图5-109　　　　　　　　　图5-110

08 在"变速"选项栏中拖动变速滑块，将数值设置为1.2x，点击☑按钮保存，如图5-111所示。将时间线移动至视频的起始位置，点击界面中的◈按钮，添加一个关键帧，如图5-112所示。

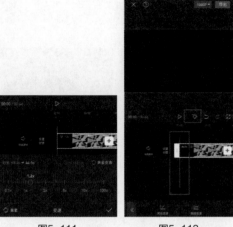

图5-111　　　　　　图5-112

09 将时间线移动至视频的第4秒处，在预览区分开双指，将画面放大，此时剪映会自动在时间线所在位置创建一个关键帧，如图5-113所示。

10 将时间线移动至视频的第6秒处，在预览区将视频素材移动至画面的左侧，剪映会自动在时间线所在的位置创建一个关键帧，如图5-114所示。

图5-113　　　　　　图5-114

11 在未选中任何素材的状态下，点击底部工具栏中的"画中画"按钮■，再点击"新增画中画"按钮■，如图5-115和图5-116所示。

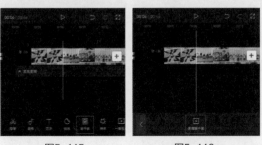

图5-115　　　　　　图5-116

12 打开手机相册，将刚刚导出的文字素材添加至剪辑项目中，点击底部工具栏中的"混合模式"按钮📑，如图5-117所示，打开"混合模式"选项栏，选择"滤色"效果，点击✅按钮保存，如图5-118所示。

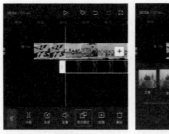 

| 图5-117 | 图5-118 |

13 将时间线移动至文字素材的起始位置，在预览区将文字素材移动至画面的最下方，点击界面中的◆按钮，添加一个关键帧，如图5-119所示。

14 将时间线移动至文字素材的尾端，在预览区将文字素材移动至画面的最上方，此时剪映会自动在时间线所在位置创建一个关键帧，如图5-120所示。

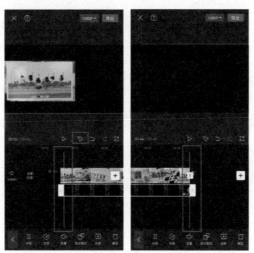

| 图5-119 | 图5-120 |

15 为视频添加一首合适的音乐，添加完成后即可点击界面右上角的"导出"按钮，将视频保存至相册，效果如图5-121和图5-122所示。

| 图5-121 | 图5-122 |

5.5.3 综合训练：卡拉OK字幕效果

本案例介绍的是卡拉OK字幕效果的制作方法，主要使用剪映的"识别歌词"和"动画"功能。下面介绍具体的操作方法。

01 打开剪映App，在主界面点击"开始创作"按钮⊞，进入素材添加界面，选择一段带有背景音乐的视频素材，点击"添加"按钮，将素材添加至剪辑项目中。

02 进入视频编辑界面后，点击底部工具栏中的"文字"按钮▊，打开文字选项栏，点击其中的"识别歌词"按钮▧，如图5-123和图5-124所示。

图5-123　　　　　　　　　　图5-124

03 在"识别歌词"选项栏中点击"开始匹配"按钮，如图5-125所示，等待片刻，识别完成后，时间轴中将自动生成歌词字幕，点击底部工具栏中的"批量编辑"按钮▧，如图5-126所示。

图5-125　　　　　　　　　　图5-126

04 将文本框中的光标定位至第1句歌词中"灰"字的后面，点击键盘中的"换行"按钮，并对歌词进行审校，审校完成后点击"编辑"按钮▧，如图5-127和图5-128所示。

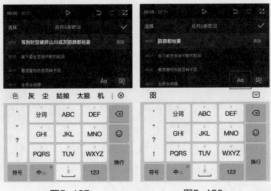

图5-127　　　　　　　　　　图5-128

05 在字体选项栏中选择"书法"类别中的"烈金体"字体,如图5-129所示。点击切换至样式选项栏,将"字号"设置为6,如图5-130所示。

 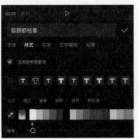

图5-129　　　　　　　　图5-130

06 选择"排列"选项,将字幕的排列方式设置为竖排,将"字间距"设置为1,并在预览区将文字素材移动至画面的左侧,设置完成后点击☑按钮保存,如图5-131所示。

07 点击切换至动画选项栏,选择"卡拉OK"效果,将动画时长调整为最大值,并将颜色设置为粉色,设置完成后点击☑按钮保存,如图5-132所示。

图5-131　　　　　　　　图5-132

08 点击界面右上角的"导出"按钮 导出 ,将视频保存至相册,效果如图5-133所示。

图5-133

5.5.4 综合训练:创意倒影字幕

本案例介绍的是创意倒影字幕效果的制作方法,主要使用剪映的"画中画""编辑""不透明度"功能。下面介绍具体的操作方法。

01 打开剪映App，在主界面点击"开始创作"按钮 ⊞，点击切换至"素材库"选项，选择黑场视频素材，点击"添加"按钮，将素材添加至剪辑项目中。

02 进入视频编辑界面后，点击底部工具栏中的"文字"按钮 ■，打开文字选项栏，点击其中的"新建文本"按钮 ▲，如图5-134和图5-135所示。

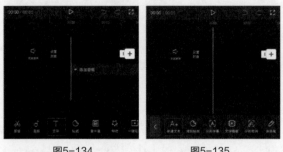

图5-134　　　　　　　　图5-135

03 在文本框中输入需要添加的文字内容，并在字体选项栏中选择"经典雅黑"字体，如图5-136和图5-137所示。

图5-136　　　　　　　　图5-137

04 点击切换至样式选项栏，选择图5-138所示的样式，点击 ✓ 按钮保存；在时间轴中将黑场素材和文字素材的时长延长至6s，并将片尾删除，如图5-139所示。点击界面右上角的"导出"按钮，将视频保存至相册。

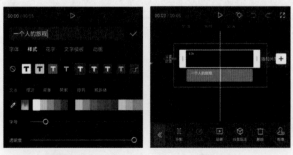

图5-138　　　　　　　　图5-139

05 打开剪映App，在主界面点击"开始创作"按钮 ⊞，进入素材添加界面，选择一段背景视频素材，点击"添加"按钮，将素材添加至剪辑项目中。

06 进入编辑界面后，点击底部工具栏中的"画中画"按钮 ▣，再点击"新增画中画"按钮 ⊞，如图5-140和图5-141所示。

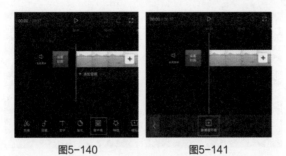

图5-140　　　　　　　图5-141

07 打开手机相册，将刚刚导出的文字素材添加至剪辑项目中，点击底部工具栏中的"混合模式"按钮📑，如图5-142所示，打开"混合模式"选项栏，选择"变亮"效果，点击☑按钮保存，如图5-143所示。

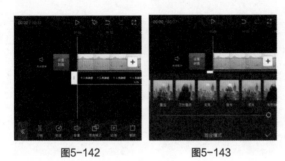

图5-142　　　　　　　图5-143

08 在底部工具栏中点击"复制"按钮📋，如图5-144所示，再在时间轴中将复制出的素材移动至原素材的下方，点击底部工具栏中的"编辑"按钮📷，如图5-145所示。

09 在编辑选项栏中点击"镜像"按钮🔃，如图5-146所示，再连续点击两次"旋转"按钮🔄，并在预览区将复制出的文字素材移动至原素材的下方，点击底部工具栏中的返回按钮≪，如图5-147所示。

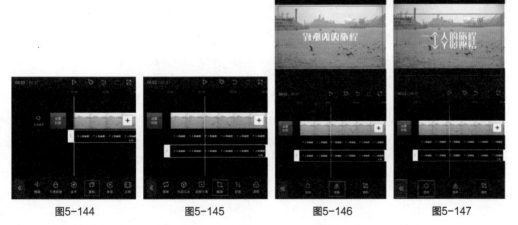

图5-144　　　　图5-145　　　　图5-146　　　　图5-147

10 点击底部工具栏中的"不透明度"按钮⬛，在"不透明度"选项栏中滑动滑块，将数值设置为50，如图5-148和图5-149所示。

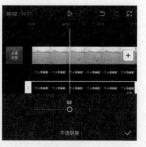

图5-148　　　　　　　　　图5-149

11　点击界面右上角的"导出"按钮 ，将视频保存至相册，效果如图5-150所示。

图5-150

5.5.5　综合训练：高级镂空字幕

本案例介绍的是高级镂空字幕的制作方法，主要使用剪映的"画中画"和关键帧功能。下面介绍具体的操作方法。

01　打开剪映App，在主界面点击"开始创作"按钮 ，点击切换至"素材库"选项，选择黑场视频素材，点击"添加"按钮，将素材添加至剪辑项目中。

02　进入视频编辑界面后，点击底部工具栏中的"文字"按钮 ，打开文字选项栏，点击其中的"新建文本"按钮 ，如图5-151和图5-152所示。

图5-151　　　　　　　　　图5-152

03　在文本框中输入需要添加的文字内容，点击切换至"样式"选项栏，将"字号"设置为39，如图5-153和图5-154所示。

图5-153 图5-154

04 在时间轴中将黑场素材和文字素材的时长延长至4s，将时间线移动至视频的起始位置，点击界面中的 ◈ 按钮，添加一个关键帧，如图5-155所示。

05 将时间线移动至视频的尾端，在预览区分开双指，将画面放大，直至画面被白色覆盖，此时剪映会自动在时间线所在位置创建一个关键帧，如图5-156所示。操作完成后将视频保存至相册。

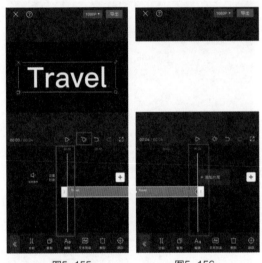

图5-155 图5-156

06 打开剪映App，在主界面点击"开始创作"按钮 ⊞，进入素材添加界面，选择一段背景视频素材，点击"添加"按钮，将素材添加至剪辑项目中。

07 在未选中任何素材的状态下，点击底部工具栏中的"画中画"按钮 ▣，再点击"新增画中画"按钮 ▣，如图5-157和图5-158所示。

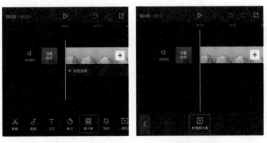

图5-157 图5-158

08 打开手机相册，将刚刚导出的文字素材添加至剪辑项目中，点击底部工具栏中的"混合模式"按钮🔲，如图5-159所示，打开"混合模式"选项栏，选择"变暗"效果，点击✅按钮保存，如图5-160所示。

 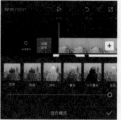

图5-159　　　　　　　　　图5-160

09 将时间线移动至视频的起始位置，在未选中任何素材的状态下，点击底部工具栏中的"音频"按钮🎵，打开音频选项栏，点击"音效"按钮🔊，如图5-161和图5-162所示。

图5-161　　　　　　　　　图5-162

10 打开音效选项栏，在搜索框中输入"穿越音效转场"，点击键盘中的"搜索"按钮，如图5-163所示，在搜索出的转场音效中选择图5-164所示的音效，点击"使用"按钮 使用 。

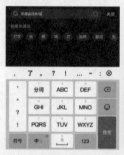 

图5-163　　　　　　　　　图5-164

11 点击界面右上角的"导出"按钮 导出 ，将视频保存至相册，效果如图5-165和图5-166所示。

图5-165　　　　　　　　　图5-166

第 **6** 章

掌握调色技巧
提升视频质感

　　调色是视频编辑中不可或缺的一步，画面颜色在一定程度上能决定作品的好坏。就像影视作品一样，每一部电影的色调都与剧情密切相关。调色不仅可以赋予视频画面一定的艺术美感，还可以为视频注入情感。例如，黑色代表黑暗、恐惧，蓝色代表沉静、神秘，红色代表温暖、热情等。对于视频作品来说，与作品主题相匹配的色彩能很好地传达作品的主旨思想。本章就为读者详细讲解调整素材画面颜色的不同操作。

6.1 学习调色从认识色调开始

色调是指画面色彩的总体倾向，图6-1所示为色环。色相对比、明度对比、饱和度对比、冷暖对比、补色对比等，是构成色彩效果的重要手段；灵活运用色彩对比，可以在画面中形成强烈的视觉效果。下面就为各位读者简单介绍与色调相关的知识。

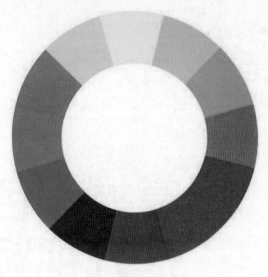

图6-1

6.1.1 明确调色目的

调色主要是为了实现以下两个目的。

一、还原色彩。受摄影机、拍摄环境和显示播放设备等因素的影响，得到的画面和预期的画面之间存在较大差距，所以要尽可能地还原色彩。在还原色彩前，需要先进行一个简单的勘测，包括画面是否过度曝光、灯光是否太暗、是否偏色、饱和度如何、色调是否统一等。用户可针对这些情况进行调色。

二、赋予风格。不同的导演和制作团队对画面的表达一般各不相同，风格因人而异。色彩的风格化可以帮助导演更好地叙事，使内容更具有说服力。

调色可以从形式上更好地配合影片内容的表达，后期调色更为重要，一部影片的表达语言，由画面、音效、同期声与配音等基本要素构成。

其中，画面自然是最重要的基本要素，画面的表达方式对影片内容的表达影响非常大。

如果想把影片内容表现得很饱满、到位，那么画面的影调、构图、曝光、视角等细节都要精细安排，这样才能统一形成完美的、符合主题的表现力。

为了保证影片调色的整体性，首先应该对画面进行校色处理，确保画面的对比度、饱和度真实统一。然后进行艺术调色处理。

6.1.2 如何确定画面整体基调

在撰写方案前，需要确定画面整体基调。

整部视频应以一种色彩为视频的基本色调，以此来统一全局；其他色彩起陪衬和服务作用。基本色调也叫主色彩或主色调。视频以色彩表现景物，如果一段视频主次不分，难以形成主色彩，必然会给观众一种杂乱无章的感觉。

画面的整体基调要与所表现的内容和作者的创作意图相吻合。例如，表现春天时宜以明快的绿色为主色，黄色调则适合用来表现金色的秋天。当然，如果有其他创作意图，则另当别论。

主色彩与视频内容主体的关系比较微妙，有时主色彩表现的就是被摄主体，有时却正好相反——主色彩给被摄主体起陪衬作用。

总之，调色中运用色彩的目的都是突出主体，这就是选择主色彩的基本出发点。

提示

在调色之前必须清楚画面需要什么颜色，这样才能明确调色的方向。可以使用滤镜快速给画面定色。

6.1.3 如何确定画面风格

在确定画面风格前，首先需要分析视频的定位是什么，是生活Vlog、风景片还是商业片，不同类型的视频具有不同的画面风格。例如，生活Vlog画面风格多是自然、温暖的，用户观看时能放松心神；风景片的画面风格颜色对比度较高，亮暗区分明显，用户观看时仿佛沉浸在大自然的壮丽之中。

确定视频定位与画面风格后，可以参考同类型视频进行调色，或参考电影截图，然后结合视频拍摄内容进行后期调色。

6.2 9种流行色调场景解析

下面为读者介绍9种流行色调的适用场景及特点。

6.2.1 什么样的场景适用赛博朋克风

适用场景：夜景、街道、霓虹灯或其他灯光色彩。

特点：夜晚偏暗，颜色以紫色、蓝色、洋红色为主，阴影偏蓝，高光偏洋红。

赛博朋克风在视觉设计中的特点就是以蓝、紫、青等冷色调为主色调，以霓虹灯光感效果为辅助，来表现未来的科技感。黑暗中，在蓝紫色渐变的笼罩下，霓虹灯闪耀着，此景充满未来感。图6-2所示为调色案例。

图6-2

6.2.2 什么样的场景适用橙青风

适用场景：夜景、街道。

特点：以橙、青为主，橙色偏红，明度较低；青色偏蓝，饱和度低，发灰。青橙反差的效果适用于夜景视频的调色，这种反差不仅能增强画面的冲击力，还能提升画面的质感。图6-3所示为调色案例。

图6-3

6.2.3 什么样的场景适用暗黑风

适用场景：阴雨天对称构图的街道或城市建筑。

特点：压低整体曝光，暗部偏暗青蓝色；暖色为橙色、饱和度低，明度低。图6-4所示为调色案例。

图6-4

6.2.4 什么样的场景适用银灰风

适用场景：地铁站或金属质感的场景。

特点：有金属光泽，画面的对比度高，清晰度较高，统一呈现为冷色，以有效提升画面质感，整体效果大气磅礴。图6-5所示为调色案例。

图6-5

6.2.5 什么样的场景适用黑金风

适用场景：日落后一小时的城市夜景或街道。

特点：画面主色调由"黑色"和"金色"构成。其中，高光部分用"金色"，阴影部分用"黑色"。这里"金色"更多的是指橙色和黄色，而"黑色"更偏灰青。图6-6所示为调色案例。

图6-6

6.2.6 什么样的场景适用哈苏蓝风

适用场景： 阴天的海面和城市街道。

特点： 低饱和度蓝色调，画面整体颜色偏冷，给人以冷清、孤僻的感觉，很适合用在与大海相关的视频中。图6-7所示为调色案例。

图6-7

6.2.7 什么样的场景适用莫兰迪风

适用场景： 有大面积高级灰的场景，如城市。有大面积绿色或高级绿的场景，如草原与森林。

特点： 为城市调色时通常需要遵循高级灰互补的原则。而为拥有大面积绿色的草原调色时，往青黄的色彩方向调整是比较保险的选择。图6-8所示为调色案例。

图6-8

6.2.8 什么样的场景适用菊次郎风

适用场景：晴朗白天的街景或田园风光。

特点：照片颜色整体风格较为明快，胶片感强，蓝绿色块较多，颜色饱和度不低，用亮丽的色彩来表现安逸感和闲适感，给人以治愈的感觉。图6-9所示为调色案例。

图6-9

6.2.9 什么样的场景适用港式复古风

适用场景：室内或室外的暖光环境，街道或旧式建筑。

特点：港式复古风人像自带复古感，颜色多用红色，如复古红或者铁锈红，以最大限度突出人像的气场和魅力。照片的颜色简洁，对比度偏高，具有浓郁饱满的色系碰撞、暗黄调胶片质感。图6-10所示为调色案例。

图6-10

6.3 剪映App中的3种调色方法

调色是视频编辑工作中不可或缺的一步，创作时在作品中融入与主题相匹配的色彩，不仅可以向观众传达作品的主旨思想，还可以令观众通过丰富多变的画面色彩感知到不同的情绪，这一步在一定程度上能决定视频作品的好坏。下面就为读者详细讲解调整素材画面颜色的不同方法。

6.3.1 使用"调节"功能调色

在剪映App中，用户除了可以运用滤镜效果一键改善画面色调，还可以通过手动调整亮度、对比度、饱和度等色彩参数来进一步营造自己想要的画面效果。

与添加滤镜效果的方法一样，用户可以选中一段视频素材，然后点击底部工具栏中的"调节"按钮，打开"调节"选项栏，对选中的素材进行色彩调整，如图6-11和图6-12所示。

图6-11

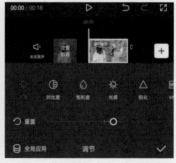

图6-12

在未选中素材的状态下，点击底部工具栏中的"调节"按钮，打开"调节"选项栏，对某一调节选项进行调整，即可在轨道区域生成一段可调整时长和位置的色彩调节素材，如图6-13和图6-14所示。

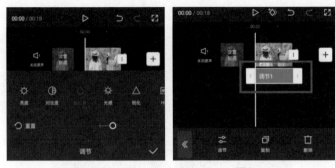

图6-13　　　　　　　　　　　图6-14

"调节"功能的作用主要有两点，一是调整画面的亮度，二是调整画面的色彩。在调整画面亮度时，除了可以调节明暗，还可以单独对画面中的高光和阴影进行调整，从而令视频的影调更细腻，更有质感。

"调节"选项栏中包含"亮度""对比度""饱和度""色温"等色彩调节选项，下面为大家进行简单介绍。

- 亮度 ☼：用于调整画面的明亮程度。数值越大，画面越明亮。
- 对比度 ◖：指的是一幅图像中明暗区域最亮的白和最暗的黑之间不同亮度层级的差异。差异越大，对比越强；差异越小，对比越弱。
- 饱和度 ◗：用于调整画面色彩的鲜艳程度。数值越大，画面饱和度越高，画面色彩就越鲜艳。
- 光感 ☼：与"亮度"相似，光感调节基于原画面本身的明暗范围进行，调整后的效果会更自然。
- 锐化 △：反映图像平面清晰度和图像边缘锐利程度的指标。锐化调节有利也有弊，增强锐化确实能让画面更清晰生动，但也会降低画质，容易使照片失真，因此需适度调节。
- 高光 ◖/阴影 ◗：用来改善画面中的高光或阴影部分。
- 色温 ◗：用来调整画面中色彩的冷暖倾向。数值越大，画面越偏暖；数值越小，画面越偏冷。
- 色调 ◉：用来调整画面中色彩的颜色倾向。
- 褪色 ◖：用来调整画面中颜色的附着程度。

6.3.2　使用滤镜进行调色

滤镜可以说是如今各大视频编辑App的必备"亮点"，为素材添加滤镜，可以很好地掩盖拍摄缺陷，使画面更加生动、绚丽。剪映App为用户提供了数十种视频滤镜特效，合理运用这些滤镜效果，可以模拟各种艺术效果，并对素材进行美化，从而使视频作品更吸引眼球。

在剪映App中，滤镜可以应用于单个素材，也可以作为一段独立的素材应用于某一段时间。下面为大家分别进行讲解。

1. 将滤镜应用于单个素材

在轨道区域选择一段视频素材，然后点击底部工具栏中的"滤镜"按钮 🖼️，如图6-15所示，打开滤镜选项栏，选择一款滤镜效果，即可将其应用到所选素材中，调节下方的滑块可以改变滤镜的强度，如图6-16所示。

图6-15 图6-16

操作完成后点击右下角的 ✅ 按钮，此时滤镜效果仅添加给了选中的素材。若需要将滤镜效果同时添加给其他素材，可在选择滤镜效果后点击"全局应用"按钮 🖳。

2. 将滤镜应用于某一段时间

在未选中素材的状态下，点击底部工具栏中的"滤镜"按钮 🖼️，如图6-17所示，打开滤镜选项栏，选择一款滤镜效果，如图6-18所示。

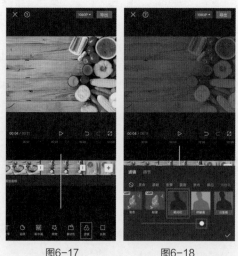

图6-17 图6-18

完成滤镜的选取后，点击右下角的 ✅ 按钮，此时轨道区域将生成一段可调整时长和位置的滤镜素材，如图6-19所示。调整滤镜素材的方法与调整视/音频素材的方法一致，选中素材，拖动白色边框，可以对素材的时长进行调整；按住素材前后拖动，可改变素材应用的时间段，如图6-20所示。

图6-19　　　　　　　图6-20

6.3.3　使用色卡进行调色

色卡是一种颜色预设工具，非常实用。在剪映App中运用色卡调色需设置混合模式，两者相辅相成，是视频调色的好帮手。下面介绍使用色卡调色的具体方法。

01 导入视频素材后，在未选中素材的状态下点击"画中画"按钮 ▣，然后点击"新增画中画"按钮 ▣，此处导入一张"粉色"色卡，并在预览区将其放大至覆盖原画面，如图6-21和图6-22所示。

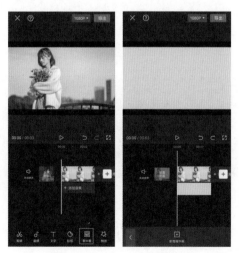

图6-21　　　　　　　图6-22

02 选中色卡素材，点击"混合模式"按钮 ▣，选择"柔光"模式，如图6-23和图6-24所示。

完成所有操作后，即可让原本有些冷清的画面变得偏粉一些，增强梦幻感。

图6-23　　　　　　　图6-24

提示

　　利用不同颜色的色卡可以为画面混合不同的颜色，色卡不一定是纯色的，混合不同颜色的色卡有时能让人产生眼前一亮的效果。

6.3.4 知识课堂：HSL功能

　　HSL色彩模式是一种颜色标准，该模式通过色相(H)、饱和度(S)、亮度(L)三个颜色通道的变化，以及它们相互的叠加来表示颜色。图6-25所示为剪映App HSL功能选项。

　　利用HSL功能可对视频进行精准调色，从而实现各种创意调色。例如，相比图6-26，图6-27所示画面中仅保留了红色。

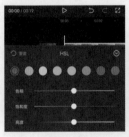

图6-25　　　　　　　　图6-26　　　　　　　　　　图6-27

6.3.5 案例训练：制作小清新漏光效果

　　小清新漏光效果是一种具有浓郁文艺气息的复古效果，适用于多种日常场景，下面介绍制作小清新漏光效果的具体方法。

01 打开剪映App，点击"开始创作"按钮 ⊞，导入准备好的素材。

提示

如果素材不够，可以在导入素材界面选择"素材库"选项，并在"空镜头"分类下选择素材，其中有不少适合"小清新"类视频的片段，如图6-28所示。

图6-28

02 依次点击界面底部的"音频"按钮 ♫ 和"音乐" ◎ 按钮，并在音乐库上方搜索栏中输入"blue"（蓝色），选择图6-29所示的音乐并点击"使用"按钮 使用 。

03 选中音频素材，点击界面底部的"踩点"按钮 ⚑，然后打开"自动踩点"功能，点击"踩节拍Ⅰ"按钮，使音频轨道上出现节拍点，如图6-30所示。

图6-29   图6-30

如果使用的素材是有声音的，当素材声音与背景音乐混合在一起后，观者会感觉有些嘈杂，此时可以点击时间线左侧的"关闭原声"按钮，将素材自带的声音关闭，如图6-31所示。

图6-31

04 制作画面上下两端的白色边框。依次点击界面底部的"画中画"按钮 ▣ 和"新增画中画"按钮 ▣，选择"素材库"选项，添加"白场1"素材，如图6-32所示。

05 在预览区将"白场1"素材放大并向下移动，使其边缘出现在画面下方，从而完成下边框的制作，如图6-33所示。

图6-32   图6-33

06 采用同样的方法，点击界面底部的"新增画中画"按钮 ▣，添加"白场2"素材，在预览区将其放大并向上拖动，制作上边框。分别选中"白场1"与"白场2"素材，将其时长拉长至覆盖整个视频。这样，上下白边就会始终出现在画面中了，如图6-34所示。

07　选中第1段视频片段，将其结尾与第1个节拍点对齐。以此类推，将每一段素材的末尾均与相应的节拍点对齐，如图6-35所示。

08　点击底部工具栏中的"特效"按钮 🎞️，然后点击特效选项栏中的"画面特效"按钮 🖼️，添加"光"分类下的"胶片漏光"效果，如图6-36所示。

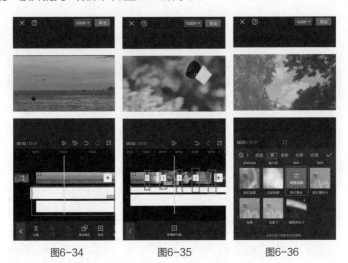

图6-34　　　　　　　图6-35　　　　　　　图6-36

09　将时间线移至漏光效果亮度最高的时间点，选中该特效，拖动右侧边框至时间线，如图6-37所示。

> **提示**
>
> 　　这一步是为了让漏光特效在最亮的时候结束，与之后的转场特效衔接，从而让画面的转换更自然。

10　由于需要与转场效果衔接，因此将漏光特效的末尾与节拍点对齐，如图6-38所示。

11　选中该特效，点击底部工具栏中的"复制"按钮 🔳，将特效复制5份，然后将特效移至每一段素材的下方，并使结尾与相应节拍点对齐，如图6-39所示。

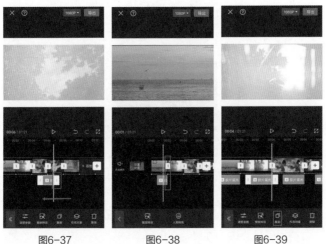

图6-37　　　　　　　图6-38　　　　　　　图6-39

12 点击片段衔接处的转场按钮 ⊡，添加转场效果，让漏光效果出现后的画面变化更自然，如图6-40所示。

13 选择"特效转场"分类下的"炫光"效果，并将转场时长设置为0.5s，点击界面左下角的"全局应用"按钮 ▣，将转场特效应用于所有素材，如图6-41所示。

14 添加转场效果后，画面的转化变成了一个过程，微调片段长度，使节拍点与转场效果中间位置对齐，以维持之前的"踩点"效果，如图6-42所示。

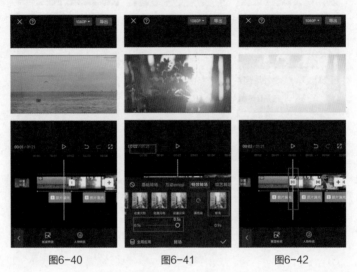

图6-40　　　　　　图6-41　　　　　　图6-42

提示

在微调片段长度时，如果出现部分素材时长不够，无法使转场效果中间位置与节拍点对齐的情况，则需要依次点击界面底部的"变速"按钮 ◎、"常规变速"按钮 ☑，适当降低播放速度，如图6-43所示。

图6-43

15 选中音频素材，点击界面底部的"分割"按钮 ⅠⅠ，分割音频，并将后半段音频删除，如图6-44所示。用于形成上下白色边框的白场素材则与主视频轨道末端对齐。

16 点击界面底部的"贴纸"按钮 ◐，如图6-45所示。

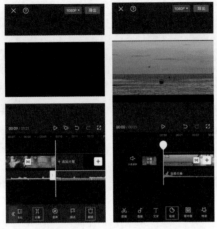

图6-44　　　　　图6-45

17 选择"夏日"分类下的贴纸，这不仅与视频主题吻合，还能够营造文艺气息，如图6-46所示。

18 选中贴纸轨道，即可调整贴纸的大小和位置。将贴纸轨道末端与节拍点对齐，从而在漏光特效亮度最高时让其自然消失，如图6-47所示。

19 选中贴纸轨道，点击界面底部的"动画"按钮 ▶，为其添加"入场动画"分类下的"放大"效果，并适当延长动画时长，如图6-48所示。

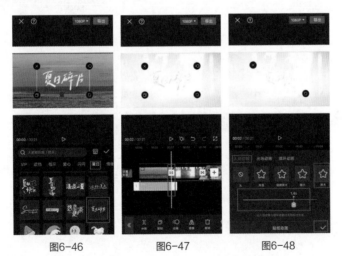

图6-46　　　　　图6-47　　　　　图6-48

20 为了让开场更加自然，点击界面底部的"特效"按钮 ⊠，添加"基础"分类下的"模糊"效果，并将其首尾分别与视频开头和第1个节拍点对齐，如图6-49所示。

21 在不选中任何素材的状态下，点击界面底部的"滤镜"按钮 ◪，添加"室内"分类下的"潘多拉"滤镜，然后让滤镜轨道覆盖整个视频，如图6-50所示。

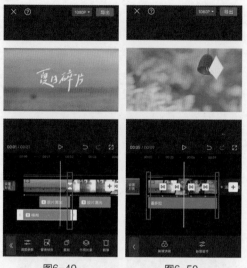

图6-49　　　　　　　　　　图6-50

22 点击视频编辑界面右上角的"导出"按钮 [导出]，将视频保存到手机相册。视频效果如图6-51和图6-52所示。

图6-51　　　　　　　　　　　　　　　　　图6-52

6.4 剪映专业版中调色的方法

与剪映App相比，剪映专业版多了"色轮"和预设功能。下面为读者详细讲解调整素材画面颜色的不同方法。

6.4.1 设置基础调节参数

在剪映专业版软件中，用户除了可以运用滤镜效果一键改善画面色调，还可以通过手动调整亮度、对比度、饱和度等色彩参数来进一步营造自己想要的画面效果。

在剪映专业版中调节参数有两种方法。一是在时间轴中添加视频或图像素材后选中素材，然后单击顶部工具栏中的"调节"按钮 [调节]，即可在右侧素材调整区调整素材的各项参数，如图6-53所示。这种调节方式只对选中的素材进行调色，不会作用于其他素材。

图6-53

二是单击顶部工具栏中的"调节"按钮 后，在选项栏中单击"自定义调节"选项右下角的添加按钮 ，即可在时间轴中添加一个调节素材，编辑界面右侧的素材调整区将显示各项调节参数，如图6-54所示。这种调节方式可以同时作用于多个视频，用户可以自由调节其作用范围，而且用户可以为一段视频添加多个自定义调节的轨道，从而产生叠加的效果，如图6-55所示。

图6-54

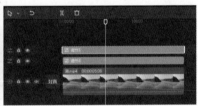

图6-55

6.4.2 利用HSL功能拯救暗黄画面

利用HSL功能可对画面进行精准调色。图6-56所示画面亮度偏暗，颜色之间的对比并不明显，下面利用HSL功能对其进行调色。

选中图片素材后，选择"调节"选项，然后选择"HSL"选项，进入调色区后，即可选择需要调整的颜色。此处选择橙色，向右滑动"饱和度"滑块，使颜色更加鲜艳，然后调整亮度，使茶杯更显眼，如图6-57所示。

图6-56

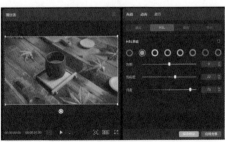

图6-57

图6-58和图6-59为图片调整前后效果对比，画面整体颜色变化不大，橙色明显比调整前更加鲜艳。其他有瑕疵的照片同样能使用HSL功能进行调色，在保证整体色调一致的同时精准调色。

图6-58 图6-59

6.4.3 利用"曲线"功能调整电影色调

打开剪映专业版的"曲线"功能区，会出现四条斜线，其中白色曲线用于调节画面亮度，红色、绿色、蓝色曲线用于调节画面颜色；每条曲线都划分了四个区域，由左至右依次为黑色区域、阴影区域、高光区域和白色区域。调整曲线的方法是在曲线上添加锚点，然后拖动锚点，如图6-60所示。

在白色曲线上添加锚点，然后往上拖动锚点，形成曲线，画面整体亮度会提高，如图6-61所示。

 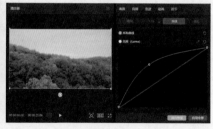

图6-60 图6-61

提示

曲线向上移动，红线与曲线围合的面积越大，画面越亮。曲线向下移动，红线与曲线围合的面积越大，画面越暗。

反之，添加锚点后往下拖动锚点，画面整体亮度会降低，如图6-62所示。这就是利用曲线调节画面亮度的方法。

"曲线"功能是根据颜色的互补关系来调整颜色的，如图6-63所示。

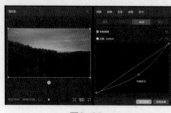 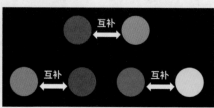

图6-62 图6-63

在红色曲线上添加锚点，然后将锚点向上拖动，画面会偏红，如图6-64所示。

在红色曲线上添加锚点，然后将锚点向下拖动，画面会偏青，如图6-65所示。

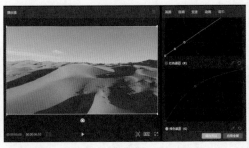

图6-64 图6-65

提示

绿色曲线向上移动画面会偏绿，向下移动画面会偏品红。蓝色曲线向上移动画面会偏蓝，向下移动画面会偏黄。

6.4.4 了解剪映专业版独有的"色轮"功能

剪映专业版中有四个色轮，其中前三个色轮分别用于调节画面中的暗部、中灰和亮部区域，最后一个"偏移"色轮负责对画面中的三个区域进行整体调整，如图6-66所示。

每个色轮都可以对画面的色相、亮度和饱和度进行调整，调整颜色时，往哪种颜色拖动白点，就会往哪种颜色偏移，色轮下方的数值也会发生改变，数值代表当前颜色的参数，可以手动输入数值调整到想要的颜色。

上下拖动色轮左侧的三角形能调整区域颜色的饱和度，上下拖动色轮右侧的三角形能调整区域颜色的亮度，如图6-67和图6-68所示。

图6-66 图6-67 图6-68

6.4.5 利用预设功能快速为多段视频调色

剪映专业版中的预设在"我的预设"选项区，其工作原理是保存不同的设置组合，以便在之后的调色过程中能够快速获得视频调色效果。用户按照自己喜欢的方式预设选项后，即可保存预设，保存后用户可以将保存的预设同时应用于多段视频。调整好参数后，点击"保存预设"按钮，即可生成预设，如图6-69所示。

保存好预设后，点击上方工具栏中的"调节"按钮 ⚙，然后选择"我的预设"选项，即可打开预设选项栏，如图6-70所示。使用预设的方式很简单，将预设拖入轨道即可。

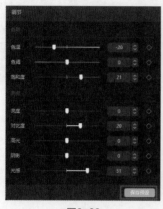

图6-69

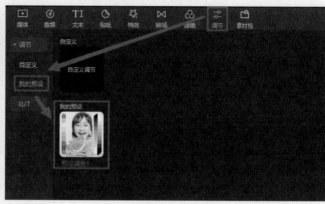

图6-70

6.4.6 知识课堂：剪映专业版中使用滤镜调色的方法

为素材添加滤镜，不仅可以很好地掩盖拍摄缺陷，还能使画面更为生动、绚丽。剪映专业版提供了数十种风格各异的滤镜效果，可以在美化视频画面的同时，模拟出各种艺术效果，从而使视频作品更引人注目。

1. 添加滤镜

在时间轴中添加视频或图像素材后，将时间线移动到需要插入滤镜的时间点，然后单击顶部工具栏中的"滤镜"按钮 ⊛，此时可以看到图6-71所示的"滤镜库"选项栏。

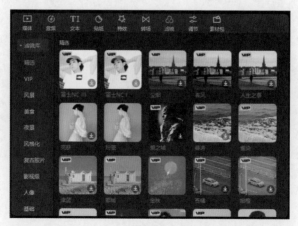

图6-71

"滤镜库"选项栏中包含"精选""风景""美食""夜景""风格化""复古胶片""影视级"

"人像""基础""露营""室内""黑白"等十几类不同风格的滤镜效果，用户可根据自己的作品风格需求在相应类别中选择滤镜效果。应用滤镜效果的方法很简单，只需单击所需效果右下角的添加按钮 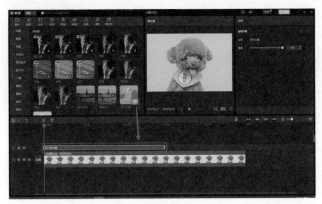，即可将该滤镜效果添加到时间轴中，如图6-72所示。

图6-72

图6-73所示为添加滤镜之前的画面效果，图6-74所示为添加"风景"类别中的"柠青"滤镜后的画面效果。添加滤镜后，画面色调发生了明显变化。

图6-73

图6-74

2. 调整滤镜效果

添加滤镜效果后，用户可以在编辑界面右侧的素材调整区调整滤镜的应用强度，如图6-75所示。调整时需要记住，"强度"数值越小，滤镜效果越弱；"强度"数值越大，滤镜效果越强。

图6-75

在剪映专业版中，用户可以选择将滤镜应用于单个素材，也可以选择将滤镜应用于某一段时间。主要在时间轴中调整滤镜应用时长及范围，左右拖动滤镜素材可以调整其应用范围。例如，将滤镜效果拖动到两段素材之间，即代表两段素材过渡时间段的画面会被滤镜效果覆盖，如图6-76所示。

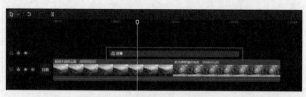

图6-76

此外，拖动滤镜素材的首尾处，可以自由调整滤镜素材的时长，如图6-77所示。

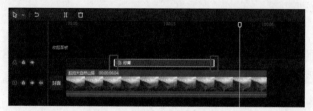

图6-77

6.4.7 案例训练：风景视频的色彩调节操作

本案例介绍的是风景视频的色彩调节操作，主要使用剪映专业版的"调节"功能。下面介绍具体的操作方法。

01 打开剪映专业版软件，在首页界面单击"开始创作"按钮 ，进入视频编辑界面，单击"导入"按钮 ，打开"请选择媒体资源"对话框，选择路径文件夹中的素材文件，如图6-78所示，单击"导入"按钮。

导入的素材将被放置在剪映专业版的本地素材库中，如图6-79所示。

图6-78

图6-79

02 在本地素材库中，单击"湖.mp4"素材右下角的添加按钮 ⊕，将该素材添加到时间轴中，如图6-80所示。

03 在时间轴中选中"湖.mp4"视频素材，单击顶部工具栏中的"调节"按钮 ▣，然后在选项栏中单击"自定义调节"选项右下角的添加按钮 ⊕，即可在时间轴中添加一个调节素材，如图6-81所示。

图6-80

图6-81

04 在编辑界面右侧的素材调整区调整"色温"为-20，"饱和度"为21，"对比度"为20，"光感"为31，如图6-82所示。

05 在时间轴中拖动"调节1"素材的尾部，使其与视频素材的时长保持一致，如图6-83所示。

图6-82

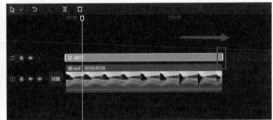

图6-83

06 在顶部工具栏中单击"音频"按钮，然后在"音乐素材"|"纯音乐"选项栏中单击所需音乐素材右下角的添加按钮 ⊕，将音乐素材添加到时间轴中，如图6-84所示。

07 在时间轴中拖动音乐素材的尾部，使其与视频素材的时长保持一致，并在编辑界面右侧的素材调整区调整"淡出时长"为1.0s，如图6-85所示。

图6-84

图6-85

08 单击界面右上角的"导出"按钮 ，弹出"导出"对话框，在其中自定义作品名称及导出路径等，完成后单击"导出"按钮，如图6-86所示。

09 导出完成后，在计算机路径文件夹中找到导出的视频文件并预览视频效果，如图6-87所示。

图6-86 图6-87

6.5 如何套用别人的调色风格

除了可以使用剪映的滤镜和预设进行调色，还可以使用LUT文件同时对多段视频进行调色。下面为读者介绍如何使用LUT文件套用别人的调色风格。

6.5.1 LUT与滤镜有何区别

LUT的全称为Look Up Table，简单来说，LUT文件可以被看成是一个预设，使用优质LUT文件是快速调色的好方法之一。LUT文件的扩展名一般为.cube或.3dl，把LUT文件载入后，即可对视频进行调色。在LUT一栏中打开"肤色保护"功能后，肤色会显得更自然。

剪映中的大部分滤镜是通过调节"高光""对比度""色温"等，配合滤镜算法生成的。LUT可以对某颜色进行有针对性的控制，自由度极高。滤镜则对画面整体有影响，且不是万能的。例如，不可能通过加滤镜使红色变绿。

LUT与滤镜都是用来调色的模板。它们的不同之处在于，滤镜会对画面整体产生影响；而LUT则非常灵活，可以调整色相、明度和饱和度等参数。

6.5.2 如何套用LUT文件

下载好LUT文件后单击剪映专业版工具栏中的"调节"按钮 ，然后单击左侧工具栏中的"LUT"按钮，再单击素材栏中的"导入LUT"按钮，如图6-88所示。

图6-88

在弹出的对话框中选中LUT文件，然后单击"打开"按钮，即可将LUT文件导入素材栏中，如图6-89所示。套用LUT文件的方法与添加滤镜的方法一致，将LUT文件拖入轨道即可。

图6-89

在素材调整区可以调节LUT文件的强度，如图6-90所示。

图6-90

6.6 制作调色效果展示视频

前面已经介绍了为视频调色的方法，下面综合使用剪映各方面的功能制作调色效果视频。

6.6.1 综合训练：制作调色前后对比展示视频

本案例介绍的是调色前后对比展示视频的制作方法，主要使用剪映的"调节""蒙版"等功能。下面介绍具体的操作方法。

01 打开剪映App，在主界面点击"开始创作"按钮 ⊡，进入素材添加界面，选择"夕阳"视频素材，点击"添加"按钮。选中"夕阳"视频素材后，点击底部工具栏中的"调节"按钮 █，如图6-91所示。

02 进入调节选项栏，如图6-92所示，将"对比度"调整为5，将"饱和度"调整为25，将"锐化"调整为15，将"色温"调整为-15，将"色调"调整为-5，操作完成后，点击右下角的 ✓ 按钮保存。

03 将时间线移至视频开端，在未选中素材的状态下点击"画中画"按钮 ▣，然后点击"新增画中画"按钮 ▦，导入"夕阳"素材并在预览区将其放大至覆盖原画面，如图6-93和图6-94所示。

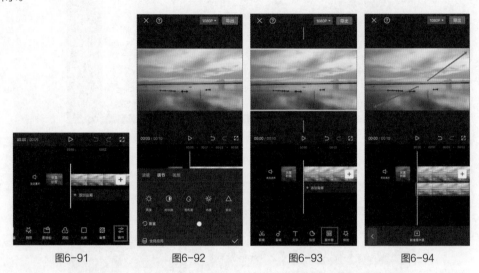

图6-91　　　　　图6-92　　　　　图6-93　　　　　图6-94

04 选中画中画素材，点击"蒙版"按钮 ▣，添加"线性"蒙版，如图6-95和图6-96所示。

05 在预览区将"线性"蒙版顺时针旋转90°后移至画面最左端并打上关键帧，如图6-97所示。将时间线移至第5秒，然后在预览区将"线性"蒙版移至画面最右端，如图6-98所示，此时已自动添加关键帧。

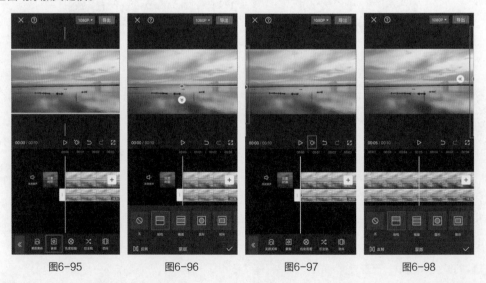

图6-95　　　　　图6-96　　　　　图6-97　　　　　图6-98

06 完成所有调节操作后，为视频添加一首合适的背景音乐，添加完成后即可点击视频编辑界面右上角的"导出"按钮 导出，将视频保存到手机相册。图6-99和图6-100所示为调节前后的对比图。

图6-99　　　　　　　　　　　　　　　　　　图6-100

6.6.2 综合训练：制作卡点变色短视频

本案例介绍的是卡点变色短视频的制作方法，主要使用剪映的"调节"、转场、"自动踩点"等功能。下面介绍具体的操作方法。

01 打开剪映App，在主界面点击"开始创作"按钮 ⊕，进入素材添加界面，选择"01"~"05"的图片素材，点击"添加"按钮。

02 在未选中素材的状态下依次点击"音频"按钮 ♩、"音乐"按钮 ⊙，如图6-101和图6-102所示。

03 在音乐库界面上方的搜索框中输入"雨巷"，选中歌曲后点击"使用"按钮 使用，如图6-103所示。

图6-101　　　　　　　　　　图6-102　　　　　　　　　　图6-103

04 选中音频素材，点击"踩点"按钮 ▣，打开"自动踩点"功能，选择"踩节拍 I"选项，如图6-104和图6-105所示。

图6-104　　　　　　　　　　图6-105

05 调整图片素材的时长，使每段图片素材的时长为两个节拍的时长，如图6-106和图6-107所示。

06 选中素材"01"，将时间线定位至"01"素材中间的节拍点，点击"分割"按钮 ，分割视频，对素材"02"～"05"进行相同操作，如图6-108和图6-109所示。

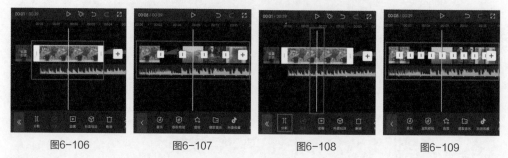

图6-106   图6-107   图6-108   图6-109

07 点击转场按钮 ，添加"模糊"分类下的"模糊"转场特效，点击"全局应用"按钮 ，将该特效应用于所有素材，如图6-110和图6-111所示。

08 选中素材"01"后半段素材，点击"调节"按钮 ，选择"HSL"选项，如图6-112和图6-113所示。

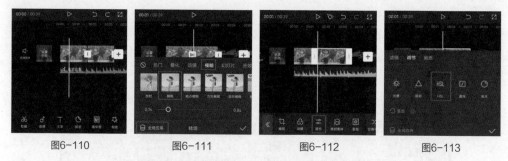

图6-110   图6-111   图6-112   图6-113

09 将除红色以外的所有颜色的饱和度滑块均滑至最左端，使画面中仅保留红色，如图6-114和图6-115所示。

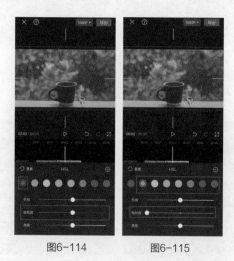

图6-114   图6-115

10 重复步骤08和步骤09，使素材"02"后半段仅保留红色，素材"03"后半段仅保留橙色，素材"04"后半段仅保留橙色，素材"05"后半段仅保留橙色。

11 点击视频编辑界面右上角的"导出"按钮 导出 ，将视频保存到手机相册。视频效果如图6-116和图6-117所示。

图6-116   图6-117

6.6.3 综合训练：制作慢动作变色视频

　　本案例介绍的是慢动作变色视频的制作方法，主要使用剪映的"变速""特效"等功能。下面介绍具体的操作方法。

01 打开剪映App，在主界面点击"开始创作"按钮 ，进入素材添加界面，选择"走路"视频素材，点击"添加"按钮。

02 在未选中素材的前提下依次点击"音频"按钮 、"音乐"按钮 ，如图6-118和图6-119所示。

03 在音乐库上方搜索框中输入"难却"，选中歌曲后点击"使用"按钮 使用 ，如图6-120所示。

图6-118   图6-119   图6-120

04 选中"走路"素材，将时间线定位至第3秒处，点击"分割"按钮 ，分割视频，如图6-121所示。

05 选中后半段素材，点击"变速"按钮 ，然后在变速选项栏中点击"常规变速"按钮 ，将速度调整为0.3x并选中"智能补帧"选项，点击 按钮保存，如图6-122和图6-123所示。

图6-121   图6-122   图6-123

06 将时间线定位至第3秒处，点击"滤镜"按钮 🎞️，为后半段素材添加"黑白"分类下的"牛皮纸"滤镜，如图6-124至图6-126所示。

图6-124 　　　　　　　　图6-125 　　　　　　　　图6-126

07 返回一级选项栏，点击"特效"按钮 🎇，然后点击"画面特效"按钮 🎆，为前半段素材添加"基础"分类下的"渐显开幕"特效，如图6-127至图6-129所示。

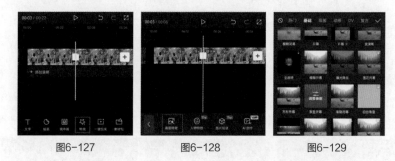

图6-127 　　　　　　　　图6-128 　　　　　　　　图6-129

08 点击素材之间的转场按钮 ⬜，添加"拍摄"分类下的"眨眼"转场，如图6-130和图6-131所示。

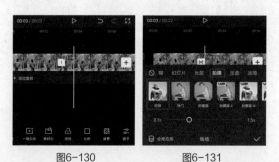

图6-130 　　　　　　　　图6-131

09 点击视频编辑界面右上角的"导出"按钮 导出，将视频保存到手机相册。视频效果如图6-132和图6-133所示。

图6-132 　　　　　　　　图6-133

6.6.4 综合训练：制作复古滤镜视频

本案例介绍的是复古滤镜视频的制作方法，主要使用剪映的"滤镜""特效"等功能。下面介绍具体的操作方法。

01 打开剪映App，在主界面点击"开始创作"按钮 ⊡，进入素材添加界面，依次导入"1"~"6"六段视频素材。

02 在轨道中选中素材"1"，点击工具栏中的"变速"按钮 ⊘，然后点击"常规变速"按钮 ☑，将速度设置为1.5x，如图6-134所示，点击 ☑ 按钮保存。

03 按住视频素材"1"尾部的白色边框向左拖动，将视频时长调整为3秒，如图6-135所示。

图6-134　　　　　　图6-135

04 按照上述方法将视频素材"2"时长调整为3秒，播放速度调整为1.6x；将视频素材"3"时长调整为2.4秒；将视频素材"4"时长调整为2.9秒；将视频素材"5"时长调整为5.6秒，播放速度调整为2.0x；将视频素材"6"时长调整为9秒，如图6-136至图6-138所示。

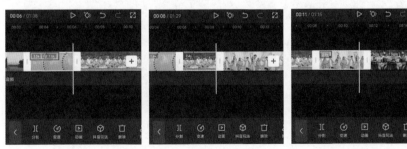

图6-136　　　　　　图6-137　　　　　　图6-138

05 在轨道中选中"1"素材，在工具栏中点击"滤镜"按钮 ⊗，添加"复古胶片"分类下的"港风"滤镜，如图6-139和图6-140所示，点击 ☑ 按钮保存。

图6-139　　　　　　　　　图6-140

06 按照上一步的做法，为视频素材"2"添加"1980"滤镜样式，为视频素材"3"添加"港风"滤镜样式，为视频素材"4"添加"1980"滤镜样式，如图6-141至图6-143所示。用同样的方式为视频素材"5"添加"德古拉"滤镜样式，为视频素材"6"添加"1980"滤镜样式，添加完成后点击☑️按钮保存。

图6-141　　　　　　　图6-142　　　　　　　图6-143

07 回到上一级工具栏，将时间线拖动至视频首端，在工具栏中点击"特效"按钮，然后点击"画面特效"按钮，在"DV"选项中选择"DV录制框"特效，点击☑️按钮保存，如图6-144和图6-145所示。

08 在轨道中选中素材"DV录制框"，按住素材尾部的白色边框向右拖动到视频尾部，如图6-146和图6-147所示。

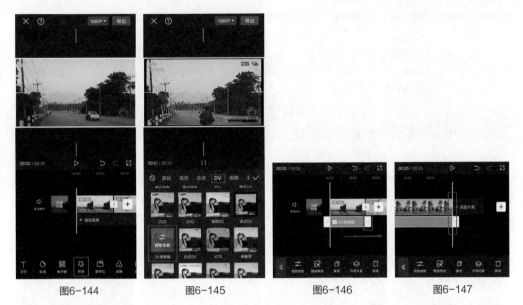

| 图6-144 | 图6-145 | 图6-146 | 图6-147 |

09 将时间线拖动至视频素材首端，点击"画面特效"按钮 🖼，在"复古"选项中选择"荧幕噪点"样式，点击 ☑ 按钮保存，在轨道中选中素材"荧幕噪点"，按住素材尾部的白色边框向右拖动到视频尾部，如图6-148至图6-150所示。

| 图6-148 | 图6-149 | 图6-150 |

10 返回二级工具栏，将时间线拖动至视频素材"6"的首端，点击"画面特效"按钮 🖼，选择"基础"选项中的"变清晰"效果，点击 ☑ 按钮保存，按住素材尾部的白色边框向右拖动到视频尾部，如图6-151和图6-152所示。

11 回到一级工具栏，依次点击"音频"按钮 🔊、"音乐"按钮 🎵，进入剪映歌单界面，如图6-153所示，点击搜索框，输入文字"第一天"并搜索，使用图6-154所示的歌曲。

| 图6-151 | 图6-152 | 图6-153 | 图6-154 |

12 在轨道中将时间线拖动至视频素材尾部，选中音频素材，点击"分割"按钮，分割音频，完成素材的分割后，将时间线之后的音频素材删除，如图6-155和图6-156所示。

13 将时间线拖动至第10秒第15帧处，在工具栏中点击"音效"按钮，选择"手机"选项中的"智能手机拍照"音效，点击"使用"按钮，将其添加至轨道中，如图6-157和图6-158所示。

| 图6-155 | 图6-156 | 图6-157 | 图6-158 |

14 返回一级选项栏，在工具栏中依次点击"文字"按钮、"识别歌词"按钮、"开始识别"按钮，识别完成后轨道区域将会出现字幕，如图6-159和图6-160所示。

| 图6-159 | 图6-160 |

15 选中字幕后点击"编辑"按钮，将文字字体更换为"港风繁体"，然后切换至"样式"选项，选择第3种文字样式，点击按钮保存，在预览区使用双指将文字适当放大并使文字居中，如图6-161至图6-163所示。

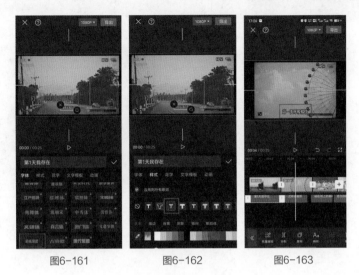

图6-161   图6-162   图6-163

16 点击视频编辑界面右上角的"导出"按钮 导出，将视频保存到手机相册。视频效果如图6-164和图6-165所示。

图6-164   图6-165

第**7**章

合成效果呈现
创意十足的画面

给平淡的视频添加各种各样的动态效果，或大胆地增加一些新奇的特效背景，这样视频会更吸引观众的目光。短视频平台上的视频种类非常多，仔细观察会发现合成效果视频占比很大，这类视频受观众喜爱。

本章将为读者介绍在剪映中使用"画中画"与"蒙版"功能使多画面同屏出现，利用"智能抠像"与"色度抠图"功能置换背景，以及利用混合模式制作创意十足的画面的方法。

7.1 "画中画"和"蒙版"功能

"画中画"与"蒙版"功能经常会同时使用，"画中画"功能最直接的效果是使一个视频画面中出现多个不同的画面，但通常情况下层级数高的视频素材画面会覆盖层级数低的视频素材画面，此时利用"蒙版"功能可自由调整遮挡区域，以达到理想的效果。本节将介绍在剪映中使用"画中画"和"蒙版"功能的方法，帮助读者更好地发挥创意。

7.1.1 使用"画中画"功能让多个素材在一个画面中出现

"画中画"功能可以让一个视频画面中出现多个不同的画面，这是该功能最直接的展示效果。但"画中画"功能更重要的作用在于可以形成多条视频轨道，利用多条视频轨道，可以使多个素材出现在同一画面中。例如，在平时观看视频时，可能会看到有些视频将画面分成了好几个区域，或者划出一些不太规则的地方来播放其他视频，这在一些教学分析、游戏讲解类视频中十分常见，如图7-1所示，灵活使用"画中画"功能，观众会更容易理解视频教学内容。

图7-1

添加画中画效果的方法很简单。首先在剪映中添加一个视频素材，然后在未选中素材的状态下点击底部工具栏中的"画中画"按钮 ▣，如图7-2所示，点击选项栏中的"新增画中画"按钮 ▣，如图7-3所示，选中需要的素材后点击"添加"按钮，即可为视频添加画中画效果。

图7-2   图7-3

7.1.2 同时使用"画中画"和"蒙版"功能控制显示区域

蒙版又被称为遮罩，"蒙版"功能可以遮挡部分画面或显示部分画面，是视频编辑处理中非常实用的一项功能。在剪映中，经常遇到下方的素材画面遮挡上方的素材画面的情况，此时便可以使用"蒙版"功能来同时显示两个素材的画面。

点击底部工具栏中的"蒙版"按钮 ◙，如图7-4所示。在打开的"蒙版"选项栏中可以看到不同形状的蒙版选项，如图7-5所示。

图7-4   图7-5

在选项栏中选择某一形状的蒙版，并点击右下角的 ☑ 按钮，如图7-6所示，即可将形状蒙版应用到所选素材中。图7-7所示为选择圆形蒙版后呈现的效果。

图7-6   图7-7

选择蒙版后，用户可以在预览区对蒙版进行移动、缩放、旋转、羽化、圆角化等基本调整操作。需要注意的是，不同形状的蒙版所对应的调整参数会有些许不同，下面就以圆形蒙版为例进行讲解。

在"蒙版"选项栏中选择"圆形"蒙版后，在预览区可以看到添加蒙版后的画面效果，同时蒙版的周围分布了几个功能按钮，如图7-8所示。

在预览区拖动蒙版，可以对蒙版的位置进行调整，此时蒙版的作用区域会发生变化，如图7-9所示。

在预览区分开双指，可以将蒙版放大，如图7-10所示；捏合双指，可以将蒙版缩小，如图7-11所示。

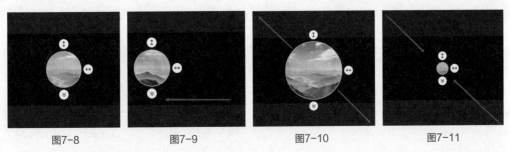

图7-8   图7-9   图7-10   图7-11

矩形蒙版和圆形蒙版支持用户在垂直或水平方向上对蒙版的大小进行调整。在预览区拖动蒙版旁的 ↕ 按钮，可以对蒙版进行垂直方向上的缩放，如图7-12所示；若拖动蒙版旁的 ↔ 按钮，则可以对蒙版进行水平方向上的缩放，如图7-13所示。

可以对所有蒙版进行羽化处理，这样视频画面会更加和谐，蒙版效果会更加自然。在预览区向下拖动 按钮，即可增加蒙版的羽化值，图7-14所示为羽化效果图。

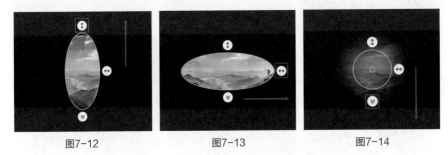

图7-12   图7-13   图7-14

圆角化处理只能对矩形蒙版进行，处理后矩形四角会变得更圆润。在预览区向外拖动 按钮，即可使矩形蒙版圆角化，图7-15所示为效果图。

此外，点击蒙版选择界面左下角的"反转"按钮 ，蒙版区域会被遮挡，其他区域会显现出来，如图7-16所示。

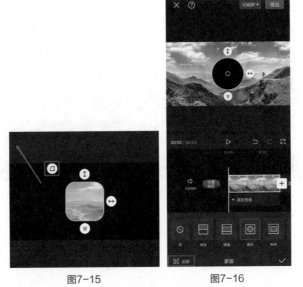

图7-15   图7-16

7.1.3 案例训练：多屏开场短片

本案例介绍的是一种"多屏开场短片"的制作方法，主要使用剪映的"画中画"、"蒙版"、"贴纸"和关键帧等功能。下面介绍具体的操作方法。

01 打开剪映App，点击"开始创作"按钮 ⊞，导入素材库中的"黑底"照片素材，如图7-17所示。

02 将时间线定位至视频开头，点击"音频"按钮 ♪，然后点击"音乐"按钮 ◎，如图7-18和图7-19所示。

图7-17

图7-18

图7-19

03 在音乐素材库中选择"卡点"分类，如图7-20所示，然后选择图7-21所示的音乐，点击"使用"按钮 使用 。

04 选中音频素材，点击底部工具栏中的"踩点"按钮 ▣，如图7-22所示，然后在波峰处手动添加11个节拍点，如图7-23所示。

图7-20

图7-21

图7-22

图7-23

05 将时间线定位至第10个和第11个节拍点中间，选中音频素材，点击"分割"按钮 ▮▮，分割音频，如图7-24所示。分割完成后选中后半段音频素材，点击"删除"按钮 ▣，删除音频素材，如图7-25所示。

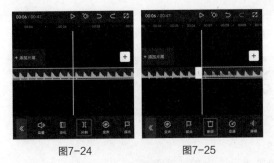

图7-24　　　　　　图7-25

06 将时间线定位至视频首端，在未选中素材的状态下，点击"贴纸"按钮 ◐ ，如图7-26所示，然后在搜索栏中输入"尺子"，添加图7-27所示的贴纸。

07 在预览区用双指放大贴纸素材，利用尺子的刻度将画面均分为5部分，如图7-28所示。

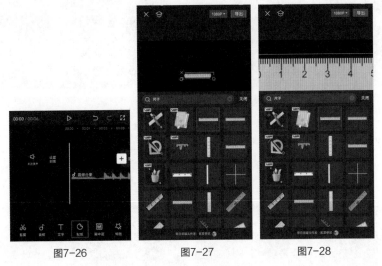

图7-26　　　　　　图7-27　　　　　　图7-28

08 将时间线定位至第1个节拍点，在未选中素材的状态下点击"画中画"按钮 ▣ ，然后点击"新增画中画"按钮 ▣ ，添加图片素材"01"，并延长其时长，与音乐时长保持一致，如图7-29和图7-30所示。

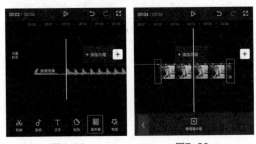

图7-29　　　　　　图7-30

09 选中"01"，点击底部工具栏中的"蒙版"按钮 ▣ ，选择蒙版选项栏中的"镜面"蒙版，然后在预览区将蒙版旋转90°，调整宽度为1cm，移动蒙版遮盖合适位置后，在预览区拖动"01"至画面最左端，如图7-31和图7-32所示。

10 选中"01",点击"复制"按钮 ▣,获得"02",拖动"02",使其开头与第3个节拍点对齐,如图7-33和图7-34所示。

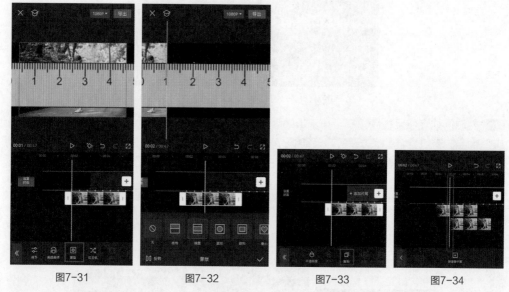

图7-31   图7-32   图7-33   图7-34

11 在预览区将"02"画面向右拖动,然后点击"替换"按钮 ▣,将其替换成第2张图片,如图7-35和图7-36所示。

12 点击"蒙版"按钮 ▣,在预览区调整蒙版遮盖区域,使人像显示完整,如图7-37所示。随后拖动"02"画面,使其与"01"画面相邻,如图7-38所示。

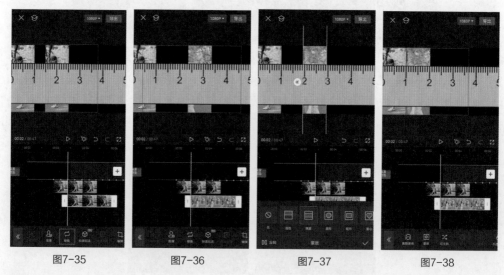

图7-35   图7-36   图7-37   图7-38

13 参照步骤10至步骤12,获得素材"03""04""05",分别拖动"03""04""05",使其开头与第5个、第7个、第9个节拍点对齐,如图7-39所示。

14 拖动素材"02""03""04""05"尾部的白色边框,使其尾部与素材"01"尾部对齐,如图7-40所示。操作完成后,即可把"尺子"贴纸删除。

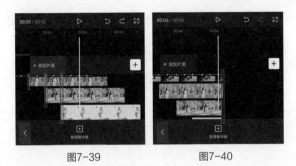

图7-39　　　　　　　　图7-40

15 选中"01"，在第2个节拍点处点击 ◇ 按钮，如图7-41所示。将时间线定位至第2个节拍点稍前一点的位置，点击"调节"按钮 ⬌，将"亮度"调节为-25，然后点击 ☑ 按钮保存，如图7-42和图7-43所示。

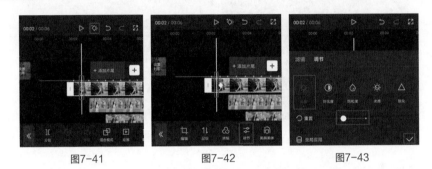

图7-41　　　　　　　　图7-42　　　　　　　　图7-43

16 重复步骤15，在"02""03""04""05"所对应的第2个节拍点处打上关键帧，并在稍前一些的地方调暗亮度。

17 将时间线定位至视频开头，在未选中素材的状态下点击"文字"按钮 **T**，点击文字选项栏中的"文字模板"按钮 🅐，如图7-44和图7-45所示，随后选择图7-46所示的模板。

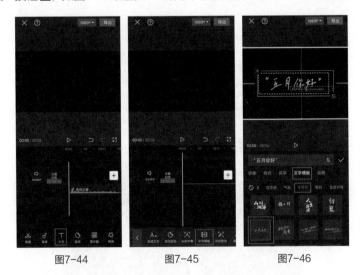

图7-44　　　　　　　　图7-45　　　　　　　　图7-46

18 选中文字素材，拖动其右端的白色边框，使其时长与音乐时长保持一致。

19 点击"动画"按钮 ◎，将文字素材入场动画时间延长至2秒，如图7-47和图7-48所示。

图7-47　　　　　　　　　图7-48

20 点击视频编辑界面右上角的"导出"按钮 导出 ，将视频保存到手机相册，视频画面效果如图7-49和图7-50所示。

图7-49　　　　　　　　　　图7-50

7.1.4 案例训练：炫酷蒙版特效制作

本案例介绍的是一种"炫酷蒙版特效"的制作方法，主要使用剪映的"画中画"、"蒙版"、"滤镜"和动画特效等功能。下面介绍具体的操作方法。

01 打开剪映App，点击"开始创作"按钮 ⊞ ，导入剪映素材库中的"黑底"照片素材，如图7-51所示。

02 选中"黑底"素材，拖动尾端的白色边框，将时长调整为5秒，如图7-52所示。

图7-51　　　　　　　图7-52

03 将时间线定位至视频开端，在未选中素材的状态下点击"画中画"按钮▣，然后点击"新增画中画"按钮⊞，添加"城市"视频素材，并在预览区用双指将素材放大，使其覆盖原画面，如图7-53至图7-55所示。

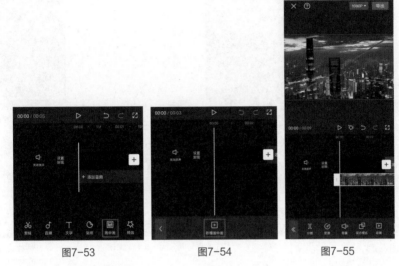

图7-53　　　　　　　图7-54　　　　　　　图7-55

04 选中"城市"素材，调整其时长，与"黑底"素材时长保持一致，然后点击"复制"按钮▣，将"城市"素材复制3份，获得素材"城市01""城市02""城市03"，并调整所有素材，使其首尾对齐，如图7-56至图7-58所示。

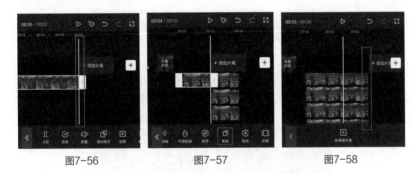

图7-56　　　　　　　图7-57　　　　　　　图7-58

05 选中素材"城市01"，拖动其左端的白色边框，调整其时长为4秒。重复上述操作，将素材"城市02"时长调整为3秒，将素材"城市03"时长调整为2秒，如图7-59和图7-60所示。

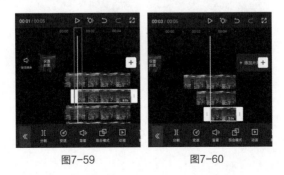

图7-59　　　　　　　图7-60

06 选中素材"城市"，点击底部工具栏中的"蒙版"按钮 ◙，选择蒙版选项栏中的"线性"蒙版，在预览区将蒙版逆时针旋转20°后拖动至左上角，如图7-61和图7-62所示。点击"滤镜"按钮 ⊗，为素材添加"风格化"分类下的"绝对红"滤镜，如图7-63和图7-64所示。

| 图7-61 | 图7-62 | 图7-63 | 图7-64 |

07 选中素材"城市01"，为其添加"线性"蒙版，在预览区将蒙版顺时针旋转160°后拖动至右下角，如图7-65所示。点击"滤镜"按钮 ⊗，为素材添加"黑白"分类下的"褪色"滤镜，如图7-66所示。

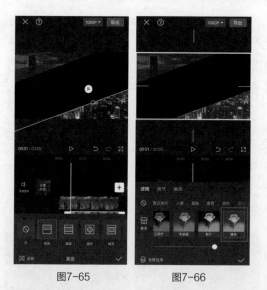

| 图7-65 | 图7-66 |

08 选中素材"城市02"，为其添加"镜面"蒙版，在预览区将蒙版顺时针旋转20°后拖动至与素材"城市01"的"线性"蒙版相邻的位置，如图7-67所示。然后为素材添加"黑白"分类下的"黑金"滤镜，如图7-68所示。

09 选中素材"城市03"，为其添加"镜面"蒙版，在预览区填补空缺的画面，如图7-69所示。

然后为素材添加"风景"分类下的"仲夏"滤镜，如图7-70所示。

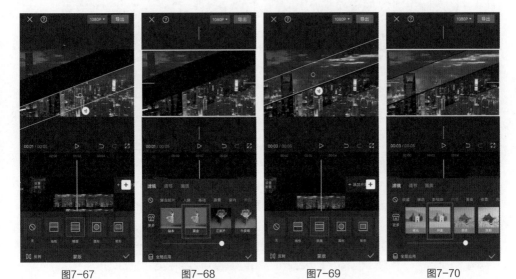

图7-67　　　　　　图7-68　　　　　　图7-69　　　　　　图7-70

10 选中素材"城市"，点击"动画"按钮，为其添加"动感缩小"的入场动画，并调整入场时长为0.5秒，如图7-71和图7-72所示。为其余素材添加相同的入场动画。

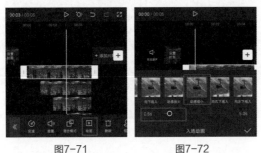

图7-71　　　　　　图7-72

11 将时间线定位至第3秒的位置，在未选中素材的状态下，点击"特效"按钮，然后点击特效选项栏中的"画面特效"按钮，添加"动感"分类下的"视频分割"特效，并点击"作用对象"按钮，选择"全局"选项，如图7-73至图7-76所示。

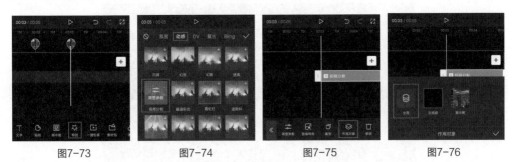

图7-73　　　　　　图7-74　　　　　　图7-75　　　　　　图7-76

12 点击视频编辑界面右上角的"导出"按钮，将视频保存到手机相册，视频画面效果如图7-77和图7-78所示。

图7-77　　　　　　　　　　　　　　图7-78

7.1.5 剪映专业版中"画中画"和"蒙版"功能的使用方法

剪映专业版中"画中画"和"蒙版"功能的使用方式与剪映App中不同。将素材导入素材区后，将素材拖入轨道即可添加画中画效果，如图7-79所示，其中①是主轨道，②是画中画轨道，在不使用蒙版的前提下，②的画面会覆盖①的画面。

选中素材后，在素材调整区选择"画面"选项，然后选择"蒙版"选项，即可为素材添加蒙版，如图7-80所示。剪映专业版中蒙版附近的按钮与剪映App中的相同，此处不再赘述。

图7-79　　　　　　　　　　　　图7-80

为素材添加蒙版后，不仅可以在预览区调整蒙版的位置，还可以在素材调整区调整素材的位置、旋转角度和"羽化"，单击"重置"按钮◙可以恢复至蒙版调整前的状态，单击"反转"按钮◙可以反转当前蒙版的覆盖区域，单击"添加关键帧"按钮◙可以添加关键帧，如图7-81所示。

图7-81

7.1.6 知识课堂：利用层级灵活调整视频覆盖关系

如果时间线穿过多个画中画轨道层，画面就有可能产生遮挡，部分视频素材的画面会无法显示，如图7-82所示。

剪映中有层级的概念，其中主视频轨道为0级轨道，每多一条画中画轨道就会多一个层级。图7-82中有两条画中画轨道，所以分别为1级轨道和2级轨道，它们之间的覆盖关系是层数值大的轨道覆盖层数值小的轨道，也就是1级轨道覆盖0级轨道，2级轨道覆盖1级轨道和0级轨道，以此类推。此时，选中一条画中画视频轨道，点击界面底部的"层级"按钮 **↑↓**，即可设置该轨道的层级，如图7-83所示。

剪映默认处于下方的视频轨道会覆盖处于上方的视频轨道，但由于画中画轨道的层级可以设置，所以如果选中位于中间的画中画轨道，并将其层级从1级改为2级，那么中间轨道的画面会同时覆盖主视频轨道与最下方视频轨道的画面，如图7-84所示。

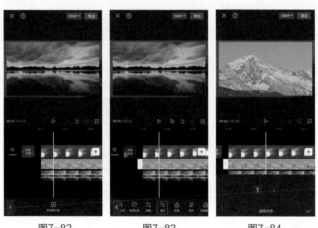

图7-82　　　　　　　图7-83　　　　　　　图7-84

"智能抠像"和"色度抠图"功能

剪映自带的许多特殊功能为用户提供了各种特殊效果，支持用户在剪辑项目中置换视频背景，或是利用抠图来完成特效的制作等。本节介绍在剪映App与剪映专业版中使用"智能抠像"与"色度抠图"功能的方法。

7.2.1 利用"智能抠像"功能一键抠人

剪映自带许多非常实用的功能，"智能抠像"就是其中之一。剪映的"智能抠像"功能是指将视频中的人像部分抠出来，抠出来的人像可以放到新的背景视频中，制作出特殊的视频效果。"智能抠像"功能的使用方法很简单，在未选中素材的状态下点击底部工具栏中的"画中画"按钮 **▣**，然后点击"新增画中画"按钮 **▣**，导入想抠出人像的素材，选中素材后点击底部选项栏中的"抠像"按钮 **▣**，然后点击"智能抠像"按钮 **▣**，即可将人像从背景中抠出来。图7-85和图7-86所示为运用"智能抠像"和"画中画"功能置换背景的效果。

图7-85　　　　　　　　图7-86

7.2.2 利用"色度抠图"功能一键抠图

剪映的"色度抠图"功能简单来说就是对比两个像素点之间颜色的差异，把前景抠取出来，从而达到置换背景的目的。"色度抠图"与"智能抠像"不同，"智能抠像"可自动识别人像，然后将其导出；而"色度抠图"是用户自己选择需要抠去的部分，抠图时，选中的颜色与其他区域的颜色差异越大，抠图的效果会越好。图7-87所示为色度抠图界面，功能按钮介绍如下。

- 取色器 ⊙：该按钮对应画面中的选取器圆环，在画面中拖动选取器圆环，可以选取要抠除的颜色。
- 强度 ▣：用来调整选取器所选颜色的透明度，数值越高，透明度越高，颜色被抠除得越干净。
- 阴影 ◖：用来调整抠除背景后图像的阴影，适当调整可以使抠图边缘更平滑。
- 重置 ↻：可以重置抠图操作。

图7-88所示为利用"色度抠图"功能置换背景的效果。

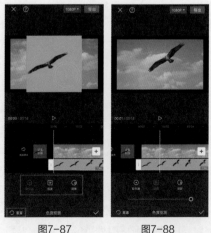

图7-87　　　　　　　　图7-88

7.2.3 知识课堂：巧用HSL功能去除颜色残留

　　HSL即色相、饱和度、亮度，利用HSL功能可以选取画面中的颜色，调节其色相、饱和度与亮度。在图7-89和图7-90中，选中绿色后，将饱和度滑块滑至最左端，画面中的绿色即变成了灰色。如果抠图时有颜色残留，即可用HSL功能去除或调整颜色。

図7-89　　　　　　図7-90

提示

　　利用HSL功能去除颜色残留时需注意残留颜色不要与画面中其他颜色重叠。

7.2.4 剪映专业版中"智能抠像"和"色度抠图"功能的应用

　　剪映专业版中应用"智能抠像"与"色度抠图"功能的方法很简单，下面利用"智能抠像"与"色度抠图"功能将素材的背景置换为图7-91所示的图片。

图7-91

　　选中素材后，选择素材调整区的"画面"选项，然后选择"抠像"选项，勾选"智能抠像"复选框，如图7-92所示。图7-93所示为智能抠像后的效果图。

图7-92

图7-93

应用"色度抠图"功能的步骤与应用"智能抠像"功能的步骤相似，在素材调整区选择"抠像"选项后，勾选"色度抠图"复选框，利用取色器选取颜色，再调整强度与阴影，即可完成"色度抠图"的操作，如图7-94和图7-95所示。

图7-94

图7-95

7.2.5 案例训练：制作穿越手机视频

本案例介绍的是一种"穿越手机视频"的制作方法，主要使用剪映的"色度抠图"和"画中画"功能。下面介绍具体的操作方法。

01 打开剪映App，在主界面点击"开始创作"按钮 ，进入素材添加界面，选择"人像"视频素材，点击"添加"按钮，将素材添加至剪辑项目中。

02 在未选中素材的状态下，点击底部工具栏中的"画中画"按钮 ，然后点击"新增画中画"按钮 ，导入"绿幕"视频素材并在预览区用双指将其放大至覆盖原素材，如图7-96和图7-97所示。

图7-96　　　　图7-97

03 选中"绿幕"素材，点击底部工具栏中的"色度抠图"按钮 ⊗，随后点击"取色器"按钮，选取绿色，如图7-98和图7-99所示，在"色度抠图"选项栏中将"强度"设置为80，将"阴影"设置为10，点击 ✓ 按钮保存，如图7-100所示。

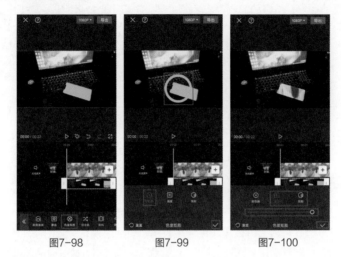

| 图7-98 | 图7-99 | 图7-100 |

04 点击视频编辑界面右上角的"导出"按钮 导出 ，将视频保存到手机相册。视频效果如图7-101至图7-103所示。

| 图7-101 | 图7-102 | 图7-103 |

7.3 利用混合模式制作特效

混合模式是图像处理技术中的一个专业术语，它的原理是通过不同的方式将不同对象之间的颜色混合，以产生新的画面效果。在剪映中同样可以实现对素材的混合处理，剪映为用户提供了多种混合模式，充分利用这些混合模式可以制作出漂亮而自然的视频效果。

图7-104所示为背景层，图7-105所示为混合层，下面以这两张图为例，对剪映提供的各种视频混合模式进行介绍和效果演示。

| 图7-104 | 图7-105 |

7.3.1 变暗

变暗模式是指混合两图层像素的颜色时，对两者的RGB分别进行比较，取两者中较低的值，再组合成为混合后的颜色。所以总的颜色灰度级降低，效果变暗。应用效果如图7-106所示。

图7-106

7.3.2 滤色

滤色模式与正片叠底模式相反，它是将图像的基色与混合色结合起来产生比两种颜色都浅的第三种颜色。通过该模式转换后的效果颜色通常很浅，结果色较亮。滤色模式的工作原理是保留图像中的亮色，通常在对丝薄婚纱进行处理时会采用滤色模式。此外，滤色有提亮作用，可以解决曝光度不足的问题。应用效果如图7-107所示。

图7-107

7.3.3 叠加

叠加模式可以根据背景层的颜色，将混合层的像素相乘或覆盖，不替换颜色，让基色与叠加色相混合，以反映原色的亮度或暗度。该模式对于中间色调影响较为明显，对于高亮度区域和暗调区域影响不大。应用效果如图7-108所示。

图7-108

7.3.4 正片叠底

正片叠底模式是将基色与混合色的像素值相乘，然后除以255，得到结果色的颜色值。结果色比原来的颜色更暗。任何颜色与黑色以正片叠底模式混合，得到的颜色仍为黑色，因为黑色的像素值为0；任何颜色与白色以正片叠底模式混合，颜色保持不变，因为白色的像素值为255。应用效果如图7-109所示。

图7-109

7.3.5 变亮

变亮混合模式与变暗混合模式的结果相反。通过比较基色与混合色，把比混合色暗的像素替换，比混合色亮的像素不改变，从而使整个图像产生变亮的效果。应用效果如图7-110所示。

图7-110

7.3.6 强光

强光混合模式是正片叠底模式与滤色模式的组合。它可以产生强光照射的效果，根据当前图层颜色的明暗程度来决定最终的效果变亮还是变暗。如果混合色比基色的像素更亮一些，那么结果色更亮；如果混合色比基色的像素更暗一些，那么结果色更暗。这种模式实质上同柔光模式相似，区别在于它的效果要比柔光模式更强烈一些。在强光模式下，当前图层中比50%灰色亮的像素会使图像变亮，比50%灰色暗的像素会使图像变暗，但黑色和白色将保持不变。应用效果如图7-111所示。

图7-111

7.3.7 柔光

柔光混合模式的效果与发散的聚光灯照在图像上的效果相似。该模式根据混合色的明暗来决定图像的最终效果是变亮还是变暗。如果混合色比基色更亮一些，那么结果色将更亮；如果混合色比基色更暗一些，那么结果色将更暗，使图像的亮度反差增大。应用效果如图7-112所示。

图7-112

7.3.8 线性加深

　　线性加深模式通过降低亮度使基色变暗来反映混合色。如果混合色与基色呈白色，混合后将不会发生变化。应用效果如图7-113所示。

图7-113

7.3.9 颜色加深

　　颜色加深模式通过增加对比度使颜色变暗来反映混合色，素材图层相互叠加可以使图像暗部更暗；当混合色为白色时，不产生变化。应用效果如图7-114所示。

图7-114

7.3.10 颜色减淡

　　颜色减淡模式通过降低对比度使基色变亮，从而反映混合色；当混合色为黑色时，不产生变化，颜色减淡混合模式类似于滤色模式。应用效果如图7-115所示。

图7-115

7.3.11 案例训练：制作唯美的回忆画面

本案例介绍的是唯美回忆画面的制作方法，主要使用剪映的"混合模式""画中画""特效"等功能。下面介绍具体的操作方法。

01 打开剪映App，点击"开始创作"按钮，导入"行走"视频素材。

02 选中"行走"素材，将时间线定位至第2秒处，点击"分割"按钮，分割视频，然后将时间线定位至第6秒处，点击"分割"按钮，分割视频，选中后半段视频，点击"删除"按钮，删除视频素材，如图7-116至图7-118所示。

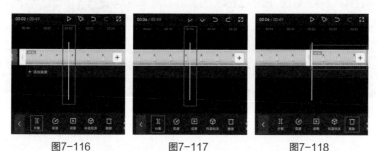

图7-116　　　　　　图7-117　　　　　　图7-118

03 在未选中素材的状态下点击底部工具栏中的"画中画"按钮，然后点击"新增画中画"按钮，添加视频素材"回忆01"至"回忆04"，并在预览区用双指将其放大至覆盖原画面，如图7-119和图7-120所示。

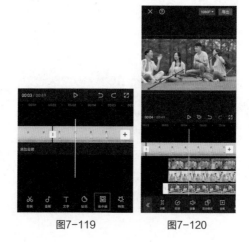

图7-119　　　　　图7-120

04 选中"回忆01"素材，点击"变速"按钮 ◎，点击变速选项栏中的"常规变速"按钮 ◢，将播放速度设置为2.0x，如图7-121和图7-122所示。

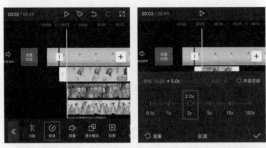

图7-121　　　　　　　图7-122

05 按住"回忆01"素材尾端的白色边框向左滑动，调整素材时长为1秒，如图7-123所示。对素材"回忆02"至"回忆04"执行与"回忆01"相同的操作，最终效果如图7-124所示。

06 调整素材"回忆01"至"回忆04"的位置，使其与第2段素材对齐，如图7-125所示。

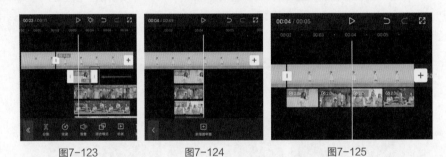

图7-123　　　　　　　图7-124　　　　　　　图7-125

07 选中素材"回忆01"，点击"混合模式"按钮 ◙，为素材添加"叠加"模式并将数值设置为50，如图7-126和图7-127所示。其他回忆素材均设置相同的混合模式。

08 返回上一级选项栏，点击"蒙版"按钮 ◙，选择蒙版选项栏中的"线性"蒙版并在预览区将蒙版移至画面下方，如图7-128和图7-129所示。其余回忆素材均进行相同操作。

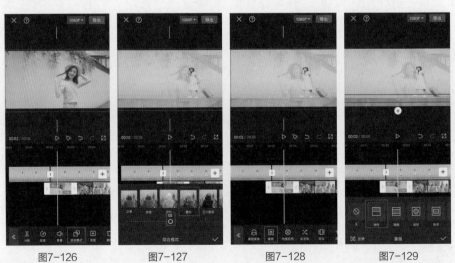

图7-126　　　　　　图7-127　　　　　　图7-128　　　　　　图7-129

09 点击⊡按钮，添加"扭曲"分类下的"漩涡"转场特效，如图7-130和图7-131所示。

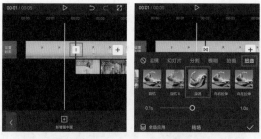

图7-130　　　　　　　图7-131

10 在未选中素材的状态下点击"特效"按钮█，点击特效选项栏中的"画面特效"按钮█，添加"复古"分类下的"回忆胶片"特效，然后调整特效时长，使其首尾与第2段素材对齐，如图7-132至图7-134所示。

图7-132　　　　　　图7-133　　　　　　图7-134

11 点击视频编辑界面右上角的"导出"按钮 █，将视频保存到手机相册。视频效果如图7-135和图7-136所示。

图7-135　　　　　　　　　　　图7-136

7.3.12 综合训练：制作三分屏卡点短视频

本案例介绍的是三分屏卡点短视频的制作方法，主要使用剪映的"蒙版""动画""踩点"等功能。下面介绍具体的操作方法。

01 打开剪映App，点击"开始创作"按钮⊕，导入视频素材"01"。

02 点击底部工具栏中的"音频"按钮♪，点击音频选项栏中的"音乐"按钮◎，然后在弹出的界面上方搜索栏中搜索"hello"（你好），选中歌曲后点击"使用"按钮 使用 ，如图7-137和图7-138所示。

03 选中音频素材，点击底部工具栏中的"踩点"按钮▣，打开"自动踩点"功能，选择"踩节拍Ⅱ"选项，如图7-139和图7-140所示。

图7-137

图7-138

图7-139

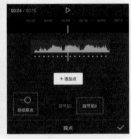
图7-140

04 选中素材"01"，点击底部工具栏中的"蒙版"按钮◉，选择"矩形"蒙版，然后在预览区向上滑动⊕按钮，适当放大蒙版，再按住◎按钮往外滑，将矩形四角圆角化，如图7-141和图7-142所示。

05 蒙版添加好后，点击"动画"按钮▶，为素材"01"添加时长为0.5秒的"动感放大"入场动画，如图7-143和图7-144所示。

图7-141

图7-142

图7-143

图7-144

06 返回上一级选项栏，点击"复制"按钮▣，如图7-145所示，获得素材"02"。选中素材"02"，点击"切画中画"按钮⤬，如图7-146所示，将素材"02"切换至画中画轨道。

07 拖动素材"02"，使其首端与第2个节拍点对齐，如图7-147所示，在预览区将矩形蒙版向左拖动，如图7-148所示。

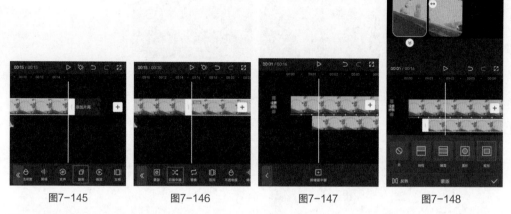

| 图7-145 | 图7-146 | 图7-147 | 图7-148 |

08 将素材"02"复制一份获得素材"03"，拖动素材"03"，使其首端与第3个节拍点对齐，在预览区将矩形蒙版向右拖动，如图7-149所示。

09 将3段素材每4个节拍点分割一次，完成后将时间线定位至音频素材尾端，将时间线后方的视频素材删除，如图7-150所示。

10 点击"替换"按钮 📷 ，将第二组往后每组视频片段替换成其他视频素材，如图7-151和图7-152所示。

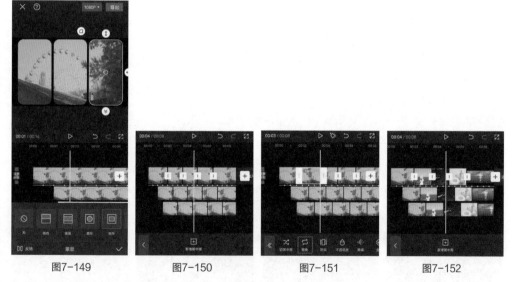

| 图7-149 | 图7-150 | 图7-151 | 图7-152 |

11 为所有视频片段添加时长为0.5秒的"动感放大"入场动画。

12 在未选中素材的状态下点击"背景"按钮 🖼 ，点击"画布颜色"按钮 🎨 ，选择白色，然后点击"全局应用"按钮 📱 ，如图7-153和图7-154所示。

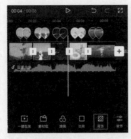
图7-153

图7-154

13 点击视频编辑界面右上角的"导出"按钮 导出 ，将视频保存到手机相册，视频画面效果如图7-155和图7-156所示。

图7-155

图7-156

7.3.13 综合训练：制作人物分身合体效果

本案例介绍人物分身合体效果短视频的制作方法，主要使用剪映的"智能抠像"和"定格"功能。下面介绍具体的操作方法。

01 打开剪映App，点击"开始创作"按钮 ⊞ ，导入"行走"视频素材。

02 将时间线定位至第2秒处，选中"行走"素材，点击"定格"按钮 ▣ ，获得照片素材"01"，如图7-157和图7-158所示。

03 选中素材"01"，点击"切画中画"按钮 ⋈ ，将素材"01"切换至画中画轨道，调整素材"01"时长，使其首端与视频首端对齐，尾端与定格处对齐，如图7-159和图7-160所示。

图7-157

图7-158

图7-159

图7-160

04 选中素材"01"，点击"抠像"按钮 ⊠ ，点击"智能抠像"按钮 ⊠ ，抠出人像，如图7-161和图7-162所示。

05 参照步骤02至步骤04，分别在"行走"素材的第4秒、第6秒、第8秒处定格画面，并使照片素材尾端分别与定格处对齐，设置完成后如图7-163所示。

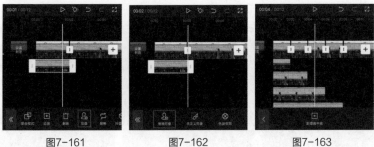

图7-161　　　　　　　　图7-162　　　　　　　　图7-163

06 点击视频编辑界面右上角的"导出"按钮 导出 ，将视频保存到手机相册，视频画面效果如图7-164和图7-165所示。

图7-164　　　　　　　　　　　　　　图7-165

7.3.14　综合训练：打造炫酷的城市灯光秀

本案例介绍的是炫酷城市灯光秀视频的制作方法，主要使用剪映的"特效""变速""文字"等功能。下面介绍具体的操作方法。

01 打开剪映App，点击"开始创作"按钮 ，导入"城市01"至"城市08"视频素材。

02 依次点击底部工具栏中的"音频"按钮 、"音乐"按钮 ，选择"导入音乐"选项，选中本地音频后点击"使用"按钮 使用 ，导入本地音乐，如图7-166和图7-167所示。

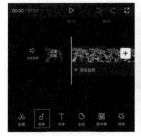

图7-166　　　　　　　　图7-167

03 选中音频素材，将时间线定位至第4秒处，点击"分割"按钮 ，分割音频，如图7-168所示。

04 选中第一段音频素材，点击底部工具栏中的"踩点"按钮 🚩，每隔0.5秒手动添加一个节拍点，如图7-169所示；选中第二段音频素材，点击"踩点"按钮 🚩，每隔1秒手动添加一个节拍点，如图7-170所示。

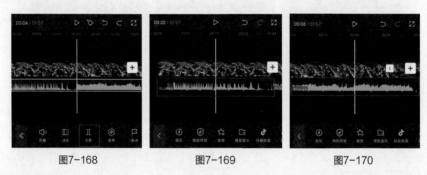

图7-168　　　　　　　　　　图7-169　　　　　　　　　　图7-170

05 调整每段视频素材时长均为0.5秒，使视频首尾端与节拍点对齐，如图7-171所示。

06 点击轨道区域右侧的 ⊞ 按钮，按顺序将8段素材再导入一次，为方便区分，将新导入的素材称为"09"~"16"，然后选中素材"09"，点击底部工具栏中的"变速"按钮 ⏱，在变速选项栏中点击"曲线变速"按钮 📈，为素材添加"子弹时间"变速效果，如图7-172和图7-173所示。

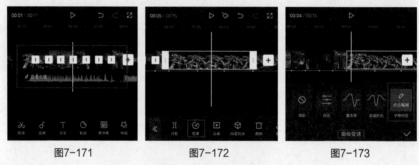

图7-171　　　　　　　　　　图7-172　　　　　　　　　　图7-173

07 对素材"10"~"16"重复上一步对素材"09"的处理，全部添加"子弹时间"加速效果。

08 调整素材"09"~"16"的时长，使每段素材时长为1秒，与节拍点对齐，如图7-174所示。

图7-174

09 将时间线定位至视频首端，在未选中任何素材的状态下，点击底部工具栏中的"特效"按钮 ✨，在特效选项栏中点击"画面特效"按钮 🖼，为视频添加"复古"分类下的"胶片Ⅲ"特效，然后调整特效时长，使其尾端与第8个节拍点对齐，如图7-175至图7-177所示。

图7-175   图7-176   图7-177

10 将时间线定位至素材"09"的开端，在未选中素材的状态下，点击"文字"按钮 **T**，在文字选项栏中点击"新建文本"按钮 **A+**，然后在文本框中输入视频中城市的名字，并将字体设置为"创意"分类下的"极简拼音"，在预览区将其适当放大，如图7-178和图7-179所示。

11 再次点击"新建文本"按钮 **A+**，在文本框中输入大写的城市拼音，然后在预览区将其放大并拖到合适的位置，如图7-180所示。

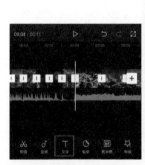
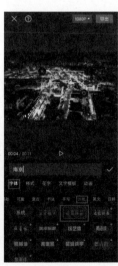

图7-178   图7-179   图7-180

12 拖动文字素材右端的白色边框调整时长，使其首尾端与素材"09"对齐。选中文字素材，点击底部工具栏中的"复制"按钮 **回**，如图7-181所示，将文字素材与拼音素材各复制7段，然后使每两段素材对应一段城市视频素材，并将文字素材内容修改为对应城市素材的名字，如图7-182所示。

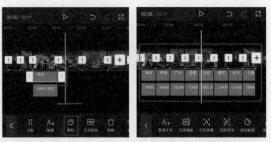

图7-181   图7-182

13 点击视频编辑界面右上角的"导出"按钮 导出 ，将视频保存到手机相册，视频画面效果如图7-183和图7-184所示。

图7-183

图7-184

第 8 章

掌握转场技巧
使画面衔接更流畅

在短视频中，转场镜头非常重要，它发挥着廓清段落、划分层次、连接场景、转换时空和承上启下的作用。合理使用转场手法和技巧既能满足观众的视觉需求，保证其视觉的连贯性，又能产生明确的段落变化和层次分明的效果。本章将介绍常见的转场技巧、剪映中的转场特效、添加特效的方法，以及实战制作特殊转场效果，使读者对转场的理解更为透彻，实操更加熟练。

8.1 认识转场

在短视频的后期编辑中，除了需要富有感染力的音乐，各个剪辑点的转场效果也发挥着至关重要的作用。在两个片段之间插入转场可以使影片衔接得更加自然、有趣，令人赏心悦目的过渡效果可以大大增强视频作品的艺术感染力。此外，视频转场的应用还能在一定程度上体现作者的创作思路，使视频作品不至于太生硬。

在短视频中，上下镜头之间的转场主要分为技巧转场和无技巧转场。

8.1.1 认识技巧转场

技巧转场是一种分割的镜头转换，包括渐隐、渐显、叠入、叠出、划入、划出、甩切、虚实转换等转场方式。这类转场主要是通过设计某种效果来完成的，具有明显的过渡痕迹。具体介绍如下。

1. 渐隐、渐显

这种转场方式又称淡入、淡出，渐隐是指画面由正常逐渐转暗，直到完全消失；渐显是指画面从全黑中逐渐显露出来，直到十分清晰明亮，如图8-1至图8-3所示。

图8-1　　　　　　　　　图8-2　　　　　　　　　图8-3

2. 叠入、叠出

这种转场方式又称化入、化出，将前一镜头的结束与后一镜头的开始叠在一起，镜头由清楚到重叠模糊再到清楚，两个镜头的连接融合渐变，能给观众以连贯的流畅感。

3. 划入、划出

指前一镜头从某一方向退出，下一镜头从另一方向进入。

4. 甩切

一种快闪转换镜头，让观众视线跟随快速闪动的画面转移到另一个画面。在甩切时，画面呈现出模糊不清的流线，并立即切换到另一个画面，这种转场方式会给观众一种不稳定感。

5. 虚实转换

利用焦点的变化，使画面中的人物发生清晰与模糊的前后交替变化，形成人物前实后虚或前虚后实的互衬效果，使观众的注意力集中到焦点清晰而突出的形象上，从而完成镜头的转换。也可以是整个画面由实变虚，或者由虚变实，前者一般用于段落结束，后者一般用于段落开始。

6. 定格

定格又称静帧，就是对前一段的结尾画面做静态处理，使观众产生瞬间的视觉停顿。定格具有强调作用，是影片中常用的一种特殊转场方法。

7. 多屏画面

多屏画面是指把一个屏幕分为多个屏幕，使双重或多重的短视频同时播放，这样可以大大压缩短视频的时长。例如，在打电话场景中，将屏幕一分为二，电话两边的人都显示在屏幕上，打完电话后，打电话人的镜头没有了，只剩下接电话人的镜头。

8.1.2 认识无技巧转场

无技巧转场又被称为直接转场、镜头直接相连，在短视频后期编辑中使用较多。在使用无技巧转场时，多利用上下镜头在内容、造型上的内在关联来连接场景，镜头连接、段落过渡会更自然、流畅，无附加技巧痕迹。在短视频创作中，无技巧转场主要包括以下几种。

1. 切换

是运用较多的一种基本镜头转换方式，也是最主要、最常用的镜头组接技巧。

2. 运动转场

指借助人、动物或一些交通工具作为场景或时空转换的手段。这种转场方式大多强调前后段落的内在关联性，可以通过摄像机运动来完成地点的转换，也可以通过前后镜头中人物、交通工具动作的相似性来转换场景。

3. 相似关联物转场

指前后镜头具有相同或相似的被摄主体形象，或者其中的被摄主体形状相似、位置重合，在运动方向、速度、色彩等方面具有相似性，摄像师就可以采用这种转场方式来达到视觉连续、顺畅转场的目的。

4. 利用特写转场

指无论前一个镜头是什么，后一个镜头都可以是特写镜头。特写镜头具有强调画面细节的特点，可以暂时集中观众的注意力，因此利用特写转场可以在一定程度上弱化时空或段落转换过程中观众的视觉跳动。

5. 空镜头转场

指利用景物镜头来过渡，实现间隔转场。景物镜头主要包括两类：一类是以景为主、以物为陪衬的镜头，如群山、山村全景、田野、天空等镜头，用这类镜头转场可以展示不同的地理环境、景物风貌，又能表现时间和季节的变化，景物镜头可以弥补叙述性短视频在情绪表达上的不足，为情绪表达提供空间，同时又能使高潮情绪得以缓和、平息，从而转入下一段落；另一类是以物为主、以景为陪衬的镜头，如飞驰而过的火车、街道上的汽车，以及室内陈设、建筑雕塑等各类静物镜头，一般情况下，摄像师会选择这些镜头作为转场的镜头，如图8-4至图8-6所示。

图 8-4 图8-5 图8-6

6. 主观镜头转场

主观镜头是指画面中与人物视线方向相同的镜头。利用主观镜头转场就是按前后镜头间的逻辑关系来处理镜头转换问题。

7. 声音转场

指利用音乐、音响、解说词、对白等配合画面实现转场。例如，利用解说词承上启下，贯穿前后镜头；利用声音过渡的和谐性自然转换到下一镜头。

8. 遮挡镜头转场

遮挡镜头是指镜头被某个形象暂时遮挡。依据不同的遮挡方式，遮挡镜头转场可以分为两种情况。一种是被摄主体迎面而来遮挡摄像机镜头，形成暂时的黑色画面。例如，前一镜头在甲地点的被摄主体迎面而来遮挡摄像机镜头，下一镜头被摄主体背朝摄像机镜头而去，已到达乙地。被摄主体遮挡摄像机镜头通常能够在视觉上给观众以较强的视觉冲击感，同时制造了悬念，加快了短视频的叙事节奏。另一种是画面内前景暂时遮挡了画面内的其他形象，成为覆盖画面的唯一形象。例如，在拍摄街道时，前景闪过的汽车会在某一时刻遮挡其他形象。画面形象被遮挡时一般都是镜头切换的时刻，通常是为了表示时间、地点的变化。

8.2 剪映中常见的转场效果

剪映拥有丰富的转场特效，点击素材之间的转场按钮 1，即可打开"转场"选项栏，如图8-7和图8-8所示。在"转场"选项栏中可以选择不同种类的转场特效，选中特效后，拖动下方滑块可以设置特效持续时长，设置完成后即可点击 ✓ 按钮保存。下面简单介绍剪映拥有的转场特效。

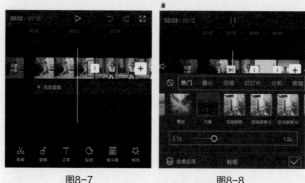

图 8-7 图8-8

8.2.1 运镜转场

　　"运镜"类别中包含"推近""拉远""顺时针旋转""逆时针旋转"等转场效果，这一类转场效果在切换过程中会产生回弹感和运动模糊效果。图8-9至图8-11所示为"运镜"类别中"拉远"效果的展示。

图8-9　　　　　　　　　　图8-10　　　　　　　　　　图8-11

8.2.2 幻灯片转场

　　"幻灯片"类别中包含"翻页""立方体""倒影""百叶窗""风车""万花筒"等转场效果，这一类转场效果主要通过一些简单的画面运动和图形变化来完成两个画面的切换。图8-12至图8-14所示为"幻灯片"类别中"立方体"效果的展示。

图8-12　　　　　　　　　　图8-13　　　　　　　　　　图8-14

8.2.3 拍摄转场

　　"拍摄"类别中包含"眨眼""快门""拍摄器""热成像""抽象前景""旧胶片"等转场效果，这一类转场效果主要通过模拟相机拍摄和特殊成像来完成两个画面的切换。图8-15至图8-17所示为"拍摄"类别中"快门"效果的展示。

图8-15　　　　　　　　　　图8-16　　　　　　　　　　图8-17

8.2.4 光效转场

　　"光效"类别中包含"炫光""复古叠影""复古漏光""扫光""泛白""泛光""闪动光斑"等转场效果，这一类转场效果主要通过酷炫的光效来完成两个画面的切换。图8-18至图8-20

所示为"光效"类别中"炫光"效果的展示。

图8-18　　　　　　　　　图8-19　　　　　　　　　图8-20

8.2.5 故障转场

　　"故障"类别中包含"色差故障""横线""竖线""色块故障""透镜故障""雪花故障"等转场效果，这一类转场效果主要通过模拟机器故障效果和画面抖动来完成两个画面的切换。图8-21至图8-23所示为"故障"类别中"竖线"效果的展示。

图8-21　　　　　　　　　图8-22　　　　　　　　　图8-23

8.2.6 MG动画转场

　　MG动画是一种包括文本、图形信息、配音配乐等内容，以简洁有趣的方式描述相对复杂概念的艺术表现形式，是一种能有效与受众交流的信息传播方式。在MG动画制作中，场景转换的过程就是"转场"。MG转场设计可以使视频更流畅自然，视觉效果更富有吸引力，从而加深受众的印象。图8-24至图8-26所示为"MG动画"类别中"向右流动"效果的展示。

图8-24　　　　　　　　　图8-25　　　　　　　　　图8-26

8.2.7 综艺转场

　　"综艺"类别中包含"可爱爆炸""弹幕转场""气泡转场""冲鸭"等转场效果，这一类转场效果主要通过一些简单的画面运动和图形变化来完成两个画面的切换。图8-27至图8-29所示为"综艺"类别中打板转场效果的展示。

图8-27   图8-28   图8-29

8.2.8 互动emoji转场

"互动emoji"类别中包含"摄像机""开心""生气""闹钟""小喇叭""爆米花"等转场效果，这一类转场效果主要通过emoji快速划过来完成两个画面的切换。图8-30至图8-32所示为"互动emoji"类别中"摄像机"效果的展示。

图8-30   图8-31   图8-32

8.2.9 知识课堂：在剪映中一键应用转场效果

在素材之间添加转场特效后，点击界面左下角的"全局应用"按钮 ，即可一键为所有素材添加相同的转场特效，如图8-33和图8-34所示。

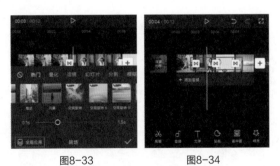

图8-33   图8-34

8.2.10 案例训练：制作美食集锦短视频

本案例主要讲解美食集锦短视频的制作方法，需要多张美食图片与转场特效、边框特效、音效相结合。

01 打开剪映App，点击"开始创作"按钮 ，导入8张图片素材"美食01"至"美食08"，如图8-35所示。

02 点击素材之间的转场按钮 ，添加"拍摄"分类下的"拍摄器"转场特效，并将持续时长设置为0.1秒，设置完成后点击"全局应用"按钮 ，为所有素材添加相同的转场特效，如

图8-36和图8-37所示。

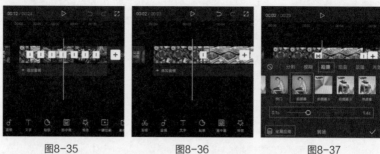

图8-35　　　　　　　图8-36　　　　　　　图8-37

03 拖动素材尾部的白色边框，调整素材时长，使转场按钮分别位于第2秒、第4秒、第6秒、第8秒、第10秒、第12秒、第14秒处，并保证视频时长为16秒，如图8-38所示。

04 将时间线定位至视频首端，在未选中素材的状态下点击底部工具栏中的"特效"按钮，在特效选项栏中点击"画面特效"按钮，为视频添加"边框"分类下的"手绘拍摄器"特效，如图8-39所示。拖动特效素材尾部的白色边框，使特效时长与视频时长一致，如图8-40所示。

图8-38　　　　　　　图8-39　　　　　　　图8-40

05 返回一级选项栏，依次点击"音频"按钮、"音乐"按钮，在音乐素材库上方搜索框中搜索"小城夏天"，完成选择后点击 使用 按钮，如图8-41和图8-42所示。

06 选中音频素材，将时间线定位至第16秒处，点击"分割"按钮，分割音频，如图8-43所示。选中后半部分音频素材，点击"删除"按钮，删除音频素材，如图8-44所示。

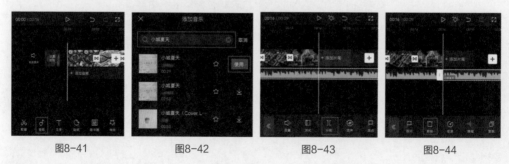

图8-41　　　　　　图8-42　　　　　　图8-43　　　　　　图8-44

07 返回一级选项栏，依次点击"音频"按钮、"音效"按钮，在搜索栏中搜索"拍照"，选中"拍照声"音效后点击"使用"按钮 使用，如图8-45和图8-46所示。

08 选中音效素材，点击"复制"按钮，将素材复制7份，如图8-47所示。调整音效素材时长，将音效素材与转场按钮一一对齐，以模拟拍摄的效果，如图8-48所示。

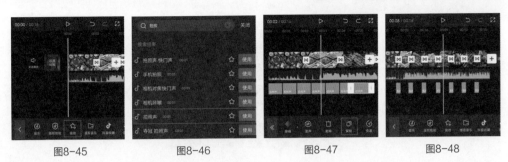

| 图8-45 | 图8-46 | 图8-47 | 图8-48 |

09 选中素材"01"，点击"动画"按钮 ▶，添加"向下甩入"入场动画，并将入场时长设置为0.5秒，如图8-49和图8-50所示。

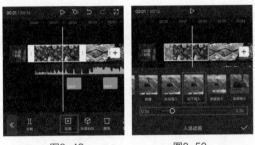

| 图8-49 | 图8-50 |

10 点击视频编辑界面右上角的"导出"按钮 导出，将视频保存到手机相册。打开手机相册，查看短视频的画面效果，如图8-51和图8-52所示。

图8-51

图8-52

> **提示**
>
> 转场特效结合音效往往能产生"1+1＞2"的效果。

8.2.11 剪映专业版中添加转场特效的方法

剪映专业版中添加转场特效的方法与剪映App中稍有不同，首先需要用鼠标单击顶部工具栏中的"转场"按钮 ⋈，此时左侧会出现转场特效选项栏，可以在不同的分类中寻找合适的特效，如图8-53所示。

图8-53

找到心仪的转场特效后有两种添加方法，一是将转场特效拖动至素材之间，如图8-54所示；二是将时间线定位至需要添加转场特效的素材之间，然后单击特效右下角的⊕按钮，如图8-55所示。添加转场特效前可以单击转场特效，预览其效果。

图8-54

图8-55

转场特效添加成功后，在轨道区域选中特效，即可在素材调整区调整特效的持续时长，单击"应用全部"按钮，即可为所有素材添加相同的特效，如图8-56所示。

图8-56

提示

如果有3个或3个以上的素材需要添加转场特效，当时间线处于中间素材的前半段时，转场特效作用于前面与中间的素材；当时间线处于中间素材的后半段时，转场特效作用于中间与后面的素材。

8.3 制作特殊转场效果

了解了如何在剪映中添加转场特效后，用户在制作短视频时，可根据不同场景的需要，添加合适的转场效果，让视频素材之间的过渡更加自然、流畅，本节将介绍一些特殊转场效果的制作方法，帮助读者制作出更具视觉冲击力的短视频。

8.3.1 综合训练：抠像转场

本案例介绍的是抠像转场效果的制作方法，主要使用剪映的"智能抠像"和"定格"功能。下面介绍具体的操作方法。

01 打开剪映App，点击"开始创作"按钮 ⊞，导入两段视频素材，如图8-57所示。

02 将时间线移动至第二段视频的起始位置，选中第二段素材，点击"定格"按钮 ▣，获得定格素材，如图8-58所示。选中定格素材，点击"切画中画"按钮 ✖，将定格素材切换至画中画轨道，如图8-59所示。

图8-57

图8-58

图8-59

03 选中定格素材，调整其时长为0.5秒，且尾端与第二段视频素材的首端对齐，如图8-60所示。然后点击"智能抠像"按钮 ▣，抠出人像，图8-61所示为智能抠像后的效果图。

04 选中定格素材，点击"动画"按钮 ▣，添加"向右甩入"入场动画，并调整入场时长为0.5秒，如图8-62和图8-63所示。

图8-60

图8-61

图8-62

图8-63

05 点击视频编辑界面右上角的"导出"按钮 导出 ，将视频保存到手机相册。打开手机相册，查看短视频的画面效果，如图8-64至图8-66所示。

图8-64

图8-65

图8-66

> **提示**
>
> 　　利用抠像转场时，背景越简单，抠像的效果越好，如果背景与人物不易分辨，抠像效果则会不佳。

8.3.2 综合训练：无缝转场

　　本案例介绍的是无缝转场效果的制作方法，主要使用剪映的"不透明度"和关键帧功能。下面介绍具体的操作方法。

01 打开剪映App，点击"开始创作"按钮 ⊞ ，导入视频素材"01"。将时间线移动至第2秒处，在未选中素材的状态下点击底部工具栏中的"画中画"按钮 ▣ ，然后点击"新增画中画"按钮 ▣ ，添加视频素材"02"，如图8-67和图8-68所示。

02 选中"02"，在预览区用双指将其放大至覆盖原画面，如图8-69所示。

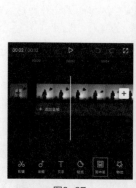
图8-67

图8-68

图8-69

03 在"02"视频开头处打上关键帧，然后点击底部工具栏中的"不透明度"按钮 ◖ ，将数值调为0，如图8-70和图8-71所示。然后将时间线往后拖动两秒，将"不透明度"调为100，如图8-72所示。

04 点击"新增画中画"按钮 ▣ ，参照步骤02与步骤03的操作方法处理素材，如图8-73所示。

图8-70 图8-71 图8-72 图8-73

05 点击"音频"按钮 🎵，在音频选项栏中点击"音乐"按钮 🎵，然后在剪映的音乐库中选择一首合适的音乐，并将其添加至时间轴中，适当调整音频素材的时长，使其和视频素材时长保持一致，如图8-74和图8-75所示。

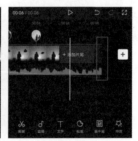

图8-74 图8-75

06 点击视频编辑界面右上角的"导出"按钮 导出，将视频保存到手机相册，效果如图8-76和图8-77所示。

图8-76 图8-77

8.3.3 综合训练：水墨转场

本案例介绍的是水墨转场效果的制作方法。下面介绍具体的操作方法。

01 打开剪映App，点击"开始创作"按钮 ⊞，导入视频素材"01"与"02"。

02 将时间线定位至视频素材"02"的首端，在未选中素材的状态下点击底部工具栏中的"画中画"按钮 ▣，然后点击"新增画中画"按钮 ▣，添加"水墨"视频素材，然后在预览区将"水墨"视频素材画面用双指放大至覆盖原画面，如图8-78和图8-79所示。

03 选中"水墨"视频素材，点击"混合模式"按钮 ▣，在弹出的选项栏中选择"滤色"模式，如图8-80和图8-81所示。

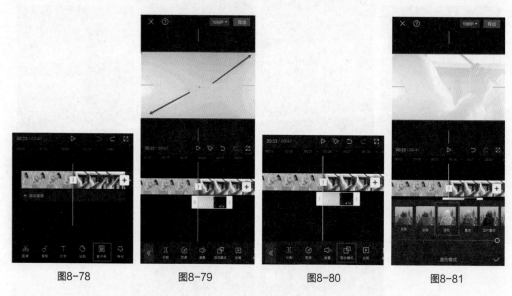

图8-78　　　　　　图8-79　　　　　　图8-80　　　　　　图8-81

04 点击视频编辑界面右上角的"导出"按钮 导出，将视频保存到手机相册。打开手机相册，查看短视频的画面效果，如图8-82和图8-83所示。

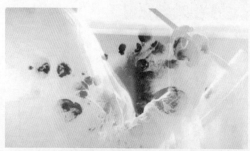　　　　　　

图8-82　　　　　　　　　　　　　　图8-83

8.3.4 综合训练：蒙版转场

本案例主要讲解蒙版转场视频的制作方法，需要一段人物眼睛特写的视频和一段背景素材，将视频画面、关键帧与蒙版工具相结合，可以制作出在瞳孔中看到另一个场景的视频效果。

01 打开剪映App，点击"开始创作"按钮 ⊞，导入"瞳孔"视频素材。

02 将时间线移动至眼睛刚睁开的位置，如图8-84所示，点击底部工具栏中的"画中画"按钮 ▣，然后点击"新增画中画"按钮 ▣，导入"花"视频素材，如图8-85所示。

03 选中"花"视频素材，并在起始位置添加一个关键帧，如图8-86所示。

04 点击底部工具栏中的"蒙版"按钮◉，使用圆形蒙版，如图8-87所示。

图8-84　　　　　　　图8-85　　　　　　　图8-86　　　　　　　图8-87

05 在预览区将圆形蒙版缩小，使其与瞳孔大小一致，并微微拖动⬚按钮，如图8-88所示。

06 将时间线慢慢向右推移，根据瞳孔大小和位置的变化改变圆形蒙版的大小，如图8-89所示。

07 将时间线移动至眼睛闭紧的位置，直接选中画中画素材，在闭眼的第一帧和睁眼的第一帧处点击"分割"按钮▮▮，分割视频，并将中间的素材删除，如图8-90所示。

08 选中画中画视频素材，在起始位置添加一个关键帧，继续移动时间线，修改圆形蒙版的大小和位置，如图8-91所示。

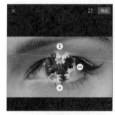

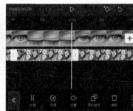
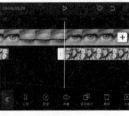

图8-88　　　　　　　图8-89　　　　　　　图8-90　　　　　　　图8-91

09 将时间线移动至第6秒处，选中主轨瞳孔视频素材，添加一个关键帧，如图8-92所示。

10 将时间线移动至主轨瞳孔视频素材结尾处，添加一个关键帧，在预览区将画面放大，直至眼球铺满整个画面，如图8-93所示。

11 选中画中画视频素材，将时间线移动回第6秒处，继续移动时间线，修改圆形蒙版的大小和位置，如图8-94所示。

12 在时间线接近结尾处时，直接将时间线拖动至视频结尾处，并在预览区直接将素材放大至铺满整个画面，如图8-95所示。

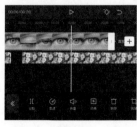

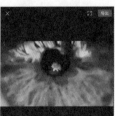

图8-92　　　　　　　图8-93　　　　　　　图8-94　　　　　　　图8-95

13 点击"音乐"按钮◉，在音乐库中选择一段自己喜欢的音乐并将其添加至剪辑项目中。

14 点击视频编辑界面右上角的"导出"按钮 导出，将视频保存到手机相册。打开手机相册，查看短视频的画面效果，如图8-96所示。

图8-96

8.3.5 综合训练：碎片转场

本案例介绍的是碎片转场效果的制作方法，主要使用剪映的"画中画"和"色度抠图"功能。下面介绍具体的操作方法。

01 打开剪映App，点击"开始创作"按钮 +，导入视频素材"01"。

02 将时间线定位至第1秒处，在未选中素材的状态下点击底部工具栏中的"画中画"按钮 回，然后点击"新增画中画"按钮 回，添加"碎片化"视频素材，并在预览区用双指放大视频画面，使其覆盖原画面，如图8-97和图8-98所示。

03 将时间线定位至"碎片化"素材尾端，选中素材"01"，然后点击"分割"按钮 II，分割视频，如图8-99所示。选中第二段素材并点击"删除"按钮 回，删除视频素材，如图8-100所示。

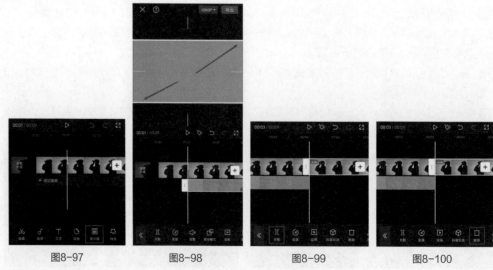

图8-97　　　　图8-98　　　　图8-99　　　　图8-100

04 选中"碎片化"视频素材，点击"抠像"按钮 回，在弹出的选项栏中点击"色度抠图"按钮 回，如图8-101和图8-102所示。

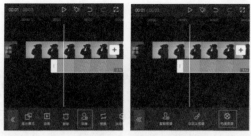

图8-101　　　　　图8-102

05 用"取色器"选中蓝色，并将"强度"调整为100，将"阴影"调整为20，如图8-103至图8-105所示。设置完成后点击"导出"按钮 导出 ，获得"碎片"视频素材。

图8-103　　　　　图8-104　　　　　图8-105

06 新建一个项目，导入视频素材"02"。点击"画中画"按钮 ，添加"碎片"视频素材，并在预览区用双指放大视频画面，使其覆盖原画面。

07 选中"碎片"视频素材，点击"色度抠图"按钮 ，去除绿色，调整"强度"为100，"阴影"为20，如图8-106至图8-108所示。

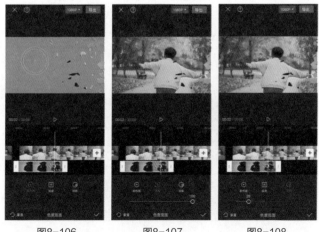

图8-106　　　　　图8-107　　　　　图8-108

08 点击视频编辑界面右上角的"导出"按钮 导出，将视频保存到手机相册。打开手机相册，查看短视频的画面效果，如图8-109至图8-111所示。

图8-109　　　　　　　　图8-110　　　　　　　　图8-111

> **提示**
>
> 　　"色度抠图"功能常用于抠除绿幕，画面中颜色区别越明显，抠图效果越好；如果颜色区别较小，则不建议使用"色度抠图"功能。

8.3.6 综合训练：线条切割转场

　　本案例介绍的是线条切割转场效果的制作方法，主要使用剪映的"切画中画"、关键帧和"蒙版"功能。下面介绍具体的操作方法。

01 打开剪映App，点击"开始创作"按钮 ⊞，导入"白底"图片素材和视频素材"01"，如图8-112所示，然后选中"白底"图片素材，点击"切画中画"按钮 ⋈，将素材切换至画中画轨道，如图8-113所示。

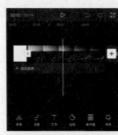 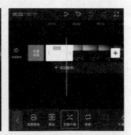

图8-112　　　　　　　　　图8-113

02 将时间线移至"白底"素材尾端，选中视频素材"01"，点击底部工具栏中的"分割"按钮 Ⅱ，分割视频，如图8-114所示。然后选中后半段素材，点击"删除"按钮 回，删除视频素材，如图8-115所示。

图8-114　　　　　　　图8-115

03 选中"白底"素材，点击"蒙版"按钮 ▣ ，选择"镜面"蒙版，然后在预览区将蒙版旋转 90°并使其缩小成一道竖线，如图8-116和图8-117所示。

04 将时间线定位至第1秒处并打上关键帧，如图8-118所示，然后将时间线移至视频开端，在预览区将"白底"素材向上拖动至画面外，如图8-119所示，此时已自动添加关键帧。点击"导出"按钮 导出 ，获得"线条"视频素材。

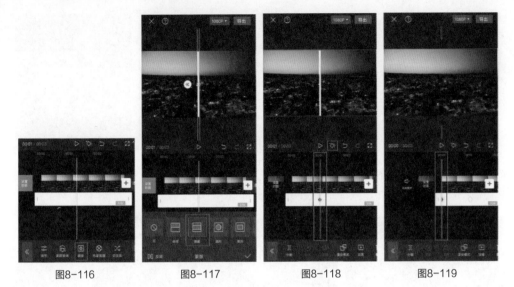

图8-116　　　　　图8-117　　　　　图8-118　　　　　图8-119

05 新建一个项目，导入视频素材"线条"与"02"，选中视频素材"线条"并点击"切画中画"按钮 ✕ ，将素材切换至画中画轨道。

06 选中"线条"视频素材，点击"蒙版"按钮 ▣ ，选择"线性"蒙版，并在预览区将蒙版旋转 90°后置于画面中心，如图8-120所示。

07 返回上一级选项栏，点击"复制"按钮 ▣ ，获得"线条02"，然后拖动"线条02"至"线条"的下方，如图8-121和图8-122所示。

  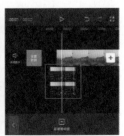

图8-120　　　　　　图8-121　　　　　　图8-122

08 选中"线条02",点击"蒙版"按钮 ◎,点击界面左下角的"反转"按钮 ⋈,如图8-123 所示。返回上一级选项栏,点击"动画"按钮 ▶,为"线条02"添加"向左滑动"出场动画,并 将出场时长设置为2秒,如图8-124和图8-125所示。

09 选中"线条",点击"动画"按钮 ▶,为"线条"添加"向右滑动"出场动画,并将出场时 长设置为2秒,如图8-126所示。

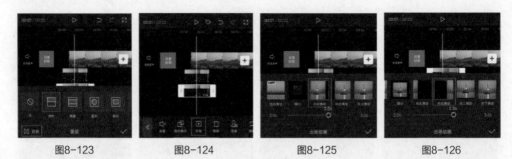

图8-123　　　　　　图8-124　　　　　　图8-125　　　　　　图8-126

10 点击视频编辑界面右上角的"导出"按钮 导出,将视频保存到手机相册。打开手机相册,查 看短视频的画面效果,如图8-127至图8-129所示。

图8-127　　　　　　　　图8-128　　　　　　　　图8-129

第 **9** 章

视频特效是
必不可少的元素

优质的短视频除了内容要丰富、新颖，更重要的是后期制作要过关。在前面的章节中，读者已经学习了短视频的基本剪辑、画面调色、转场添加和音频设置等操作，通过这些操作基本可以完成一个比较完整的短视频作品了。在此基础上，如果想让自己的作品更引人注目，不妨尝试在画面中添加特效动画等装饰元素，在增强视频完整性的同时，还能为视频增添不少趣味。

9.1 特效对于视频的意义

剪映中有非常丰富的特效,不少人只是单纯地利用特效让视频变得更酷炫,当然,这是特效的一个重要作用。但特效对于视频的意义并不仅限于此,它还能为视频带来更多的可能性。

9.1.1 利用特效突出画面重点

一个视频中往往会有几个画面需要重点突出,如运动视频中最精彩的动作或带货视频中展示产品时的画面。单独为这部分添加特效后,可以使之与其他部分在视觉效果上产生强烈的对比,从而起到突出视频中关键画面的作用。

9.1.2 利用特效营造画面氛围

对于一些需要突出情绪的视频而言,与情绪匹配的画面氛围至关重要。而一些场景在前期拍摄时可能没有条件去营造适合表达情绪的环境,那么后期增加特效来营造环境氛围就成了一种有效的替代方案。

9.1.3 利用特效强调画面节奏感

让画面形成良好的节奏感可以说是后期剪辑最重要的目的之一。那些比较短促、具有爆发力的特效,可以让画面的节奏感更突出。利用特效来突出节奏感还有一个好处,那就是可以让画面在发生变化时更具有观赏性。

9.2 剪映的画面特效

剪映为广大视频爱好者提供了丰富且酷炫的画面特效,能够帮助用户轻松实现开幕、闭幕、模糊、纹理、炫光、分屏、下雨、浓雾等视觉效果。只要用户具备足够的创意和创作热情,灵活运用这些视频特效,就可以轻松制作出画面酷炫且富有吸引力的短视频。

9.2.1 使用氛围特效

在剪映中添加视频特效的方法非常简单,在创建剪辑项目并添加视频素材后,将时间线定位至需要出现特效的时间点,在未选中素材的状态下,点击底部工具栏中的"特效"按钮,即可进入特效选项栏,如图9-1和图9-2所示。

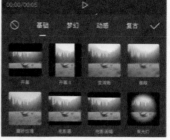

图9-1   图9-2

在特效选项栏中，滑动可以预览特效类别，默认情况下视频素材不具备特效，用户在特效选项栏中点击任意一种效果，即可将其应用至视频素材中。若不再需要特效，点击"无"按钮◥，即可取消特效的应用。

> **提示**
>
> 添加特效后，如果切换到其他轨道进行编辑，特效轨道将被隐藏。如果需要再次对特效进行编辑，点击界面下方的"特效"按钮▨即可。

在特效选项栏的"氛围"特效栏中，用户可以选择夏日泡泡、萤火、彩色碎片、流星雨、彩带、星火、樱花朵朵等特殊效果。这类效果可以在画面中制造流星、彩带、烟花等修饰元素，烘托视频氛围。图9-3所示为"氛围"特效类别中的"樱花朵朵"效果。

图9-3

9.2.2 使用自然特效

在特效选项栏的"自然"特效栏中，用户可以选择烟花、闪电、爆炸、花瓣飘落、浓雾、落叶、下雨等特殊效果。这类效果可以在画面中制造飞花、落叶、烟花、星空等修饰元素，也能制造下雪、浓雾、闪电、下雨等天气元素。图9-4所示为"自然"特效类别中的"孔明灯Ⅱ"效果。

图9-4

9.2.3 使用边框特效

在特效选项栏的"边框"特效栏中，用户可以选择播放器、视频界面、荧光边框、电视边框、手写边框、报纸、取景框、胶片等特殊效果，为画面添加一些趣味性十足的边框特效。图9-5所示为"边框"特效类别中的"手写边框"效果。

图9-5

9.2.4 使用漫画特效

在特效选项栏的"漫画"特效栏中，用户可以选择三格漫画、冲刺、电光旋涡、黑白漫画、复古漫画等特殊效果。在剪辑项目中应用这类效果，并添加相应的字幕素材，可以帮助大家制作出一些漫画感十足的视频效果，让短视频充满趣味。图9-6所示为"漫画"特效类别中的"复古漫画"效果。

图9-6

9.2.5　知识课堂：一键将特效应用至全部素材

为素材添加特效后，选中特效素材，点击下方选项栏中的"作用对象"按钮 ⊗，即可在弹出的窗口中选择作用对象，点击"全局"按钮 ⬓，然后点击 ✅ 按钮，即可将特效应用至全部素材，如图9-7和图9-8所示。

　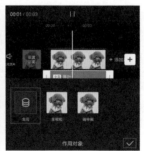

图9-7　　　　　　　图9-8

9.2.6　案例训练：制作慢放发光卡点视频

本案例主要讲解慢放发光卡点视频的制作方法，主要使用剪映的"变速""特效""滤镜"等功能。下面介绍具体的操作方法。

01 打开剪映App，点击"开始创作"按钮 ⊞，导入"背影"视频素材。

02 依次点击"音频"按钮 ♫、"音乐"按钮 ◎，然后在搜索框中搜索"小城夏天"并点击"使用"按钮 使用，如图9-9至图9-11所示。

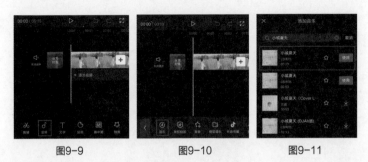

图9-9　　　　　　　　　　图9-10　　　　　　　　　　图9-11

03 将时间线定位至第3秒处，选中"背影"素材后点击"分割"按钮 ▐▌，分割视频，如图9-12所示。

04 选中后面的视频素材，点击"变速"按钮 ◎，再点击变速选项栏中的"常规变速"按钮 ◢，将速度调节为0.3x，选中"智能补帧"选项，点击 ✓ 按钮保存，如图9-13和图9-14所示。

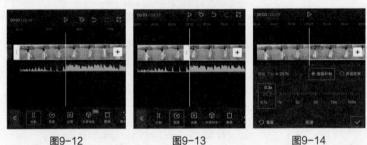

图9-12　　　　　　　　　　图9-13　　　　　　　　　　图9-14

05 将时间线定位至第3秒处，在未选中素材的状态下，点击"特效"按钮 ▨，然后点击特效选项栏中的"画面特效"按钮 ▣，添加"光"分类下的"边缘发光"特效与"动感"分类下的"蹦迪光"特效，如图9-15至图9-18所示。

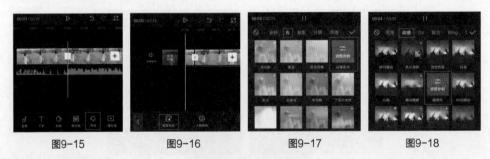

图9-15　　　　　　图9-16　　　　　　图9-17　　　　　　图9-18

06 拖动特效素材尾部的白色边框，调整其时长，与视频时长保持一致，如图9-19所示。

图9-19

07 将时间线定位至视频首端，点击"画面特效"按钮 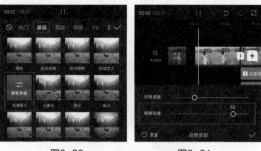，添加"基础"分类下的"变清晰 II"特效，点击"调整参数"按钮，将"模糊强度"调整为80，如图9-20和图9-21所示。

图9-20　　　　　　　　　　图9-21

08 返回一级选项栏，点击"滤镜"按钮 🖼，添加"影视级"分类下的"高饱和"滤镜，并调整特效时长，使其与视频时长保持一致，如图9-22至图9-24所示。

图9-22　　　　　　　图9-23　　　　　　　图9-24

09 点击视频编辑界面右上角的"导出"按钮 导出，将视频保存到手机相册，视频画面效果如图9-25和图9-26所示。

图9-25　　　　　　　　　　　　图9-26

9.3　剪映的人物特效

　　人物特效与画面特效的作用对象不同，人物特效会自动作用于画面中的人物上，并产生追踪的效果。剪映中人物特效的种类繁多，如情绪、头饰、身体、挡脸、环绕、手部等，灵活使用人物特效同样能打造出富有创意且具有吸引力的短视频。

9.3.1 使用情绪特效

　　"情绪"特效类别中包含点赞、好吃、难吃、大头、迷茫等特殊效果，这类效果可以为画面中的人物添加表达情绪的修饰元素，从而简单表达视频中人物的情绪。图9-27所示为"情绪"特效类别中的"好吃"效果。

图9-27

9.3.2 使用装饰特效

　　"装饰"特效类别中包含爱心泡泡、火焰翅膀、电光放射、赛博朋克、科技氛围等特殊效果，这类效果可以塑造人物形象或丰富画面背景，为视频带来更加酷炫的效果。图9-28所示为"装饰"特效类别中的"背景氛围Ⅱ"效果。

图9-28

9.3.3　使用新年特效

　　"新年"特效类别中包含恭喜发财、金币掉落、放烟花、虎虎生威等特殊效果，这类效果可以为画面增加新年喜庆的氛围。图9-29所示为"新年"特效类别中的"虎虎生威"效果。

图9-29

9.3.4　案例训练：制作"灵魂出窍"短视频

　　本案例主要讲解如何制作"灵魂出窍"短视频，主要使用剪映的"切画中画"、关键帧、"特效"等功能。下面介绍具体的操作方法。

01 打开剪映App，点击"开始创作"按钮 ⊞，导入"滑板"视频素材。

02 选中"滑板"素材，点击下方工具栏中的"复制"按钮 ▣，获得"滑板01"素材，如图9-30所示。随后选中"滑板01"素材，点击"切画中画"按钮 ⤫，将"滑板01"素材切换至画中画轨道，如图9-31所示。

03 选中"滑板01"素材，点击"混合模式"按钮 ▣，选择"滤色"模式，然后点击 ☑ 按钮保存，如图9-32和图9-33所示。

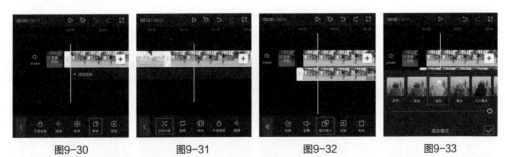

图9-30　　　　　　　图9-31　　　　　　　图9-32　　　　　　　图9-33

04 将时间线定位至第5秒处，点击"分割"按钮 ᴵᴵ，分割视频，然后将前面的视频素材删除，如图9-34和图9-35所示。同理，将时间线定位至第7秒处，点击"分割"按钮 ᴵᴵ，分割视频，然后将后面的视频素材删除。

05 选中画中画素材，点击"抠像"按钮 ，然后点击"智能抠像"按钮 ，将人像抠出，如图9-36和图9-37所示。

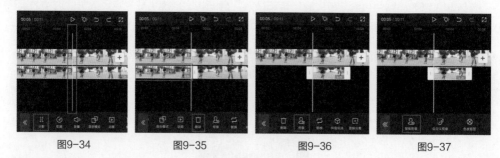

图9-34　　　　　　　图9-35　　　　　　　图9-36　　　　　　　图9-37

06 添加关键帧，添加完成后将时间线定位至第7秒处，在预览区用双指放大画面，如图9-38和图9-39所示。

07 点击下方选项栏中的"不透明度"按钮 ，将"不透明度"调节为0，如图9-40和图9-41所示。

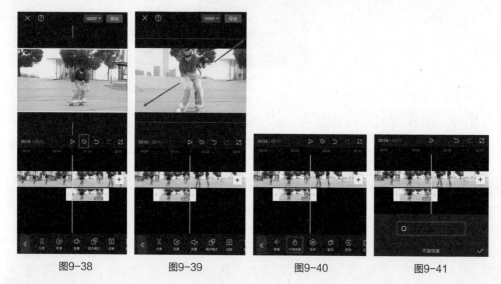

图9-38　　　　　　　图9-39　　　　　　　图9-40　　　　　　　图9-41

08 将时间线定位至第5秒处，在未选中素材的状态下点击"特效"按钮 ，添加"热门"分类下的"荧光线描"特效，如图9-42和图9-43所示。

09 选中特效素材，点击"作用对象"按钮 ，再选择"画中画"选项，如图9-44和图9-45所示。

图9-42　　　　　　　图9-43　　　　　　　图9-44　　　　　　　图9-45

10 点击视频编辑界面右上角的"导出"按钮 ，将视频保存到手机相册，视频画面效果如

图9-46和图9-47所示。

图9-46　　　　　　　　　　　　　　　图9-47

9.3.5 案例训练：制作卡点变色短视频

本案例主要讲解如何制作卡点变色短视频，主要使用剪映的"特效"、关键帧、"文字模板"等功能。下面介绍具体的操作方法。

01 打开剪映App，在主界面点击"开始创作"⊞按钮，进入素材添加界面，依次选择需要添加的6段视频素材和一张图片素材"01"~"07"，点击"添加"按钮，如果图片素材不在最后一段，则将其与最后一段素材变换位置。

02 将时间线定位至视频开端，依次点击"音频"按钮♪、"音乐"⬚按钮，导入本地音乐，点击"使用"按钮 使用 ，如图9-48和图9-49所示。

03 选中音频素材后，点击下方工具栏中的"踩点"按钮➠，在波峰与波谷处手动添加13个节拍点，如图9-50所示。

04 选中素材"01"，拖动其尾端的白色边框，与第2个节拍点对齐。重复上述操作，使素材"02""03""04""05""06"的尾端分别与第4个、第6个、第8个、第10个、第12个节拍点对齐，素材"07"尾部则与"音频"素材尾部对齐，如图9-51所示。

 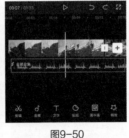 

图9-48　　　　　　　图9-49　　　　　　　图9-50　　　　　　　图9-51

05 选中素材"01"，点击下方工具栏中的"编辑"按钮◰，然后点击编辑选项栏中的"裁剪"按钮◰，将视频比例裁剪为"2.35∶1"，如图9-52和图9-53所示，后面所有素材皆将比例裁剪为"2.35∶1"。

06 选中素材"01"，将时间线定位至第1个节拍点处，点击下方工具栏中的"分割"按钮Ⅱ，分割视频，如图9-54所示。重复上述操作，使素材"02""03""04""05""06""07"分别在第3个、第5个、第7个、第9个、第11个、第13个节拍点处分割开，如图9-55所示。

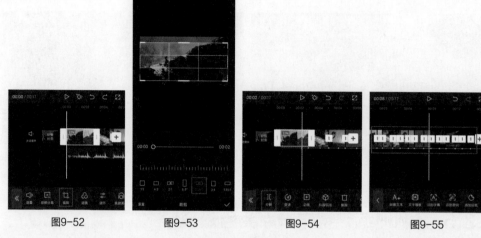

| 图9-52 | 图9-53 | 图9-54 | 图9-55 |

07 将时间线定位至视频首端，在未选中素材的状态下点击"特效"按钮 🎬，然后点击特效选项栏中的"画面特效"按钮 🎞，添加"分屏"分类下的"两屏分割"特效，并使特效素材尾端与第1个节拍点对齐，如图9-56至图9-58所示。

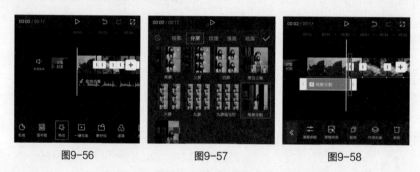

| 图9-56 | 图9-57 | 图9-58 |

08 选中特效素材，点击"复制"按钮 🔲，将特效复制6段，分别与第3个、第5个、第7个、第9个、第11个、第13个节拍点前的素材保持首尾对齐，如图9-59和图9-60所示。

09 如果"分屏"特效时长过短，导致特效未能完整展现，则可以选中该特效，点击下方工具栏中的"调整参数"按钮 🎚，向右拖动"速度"滑块，使特效能在画面结束前展示完，如图9-61和图9-62所示。此处可以统一将"速度"调整为80。

| 图9-59 | 图9-60 | 图9-61 | 图9-62 |

10 将时间线定位至视频的开端，在未选中素材的状态下点击"文字"按钮 🅃，如图9-63所示。点击"文字模板"按钮 🔲，添加"片头标题"分类下图9-64所示的模板，并在文本框中输入

"NO.1"。然后使素材尾端与第1个节拍点对齐，在预览区将其缩小并拖动至合适的位置，如图9-65所示。

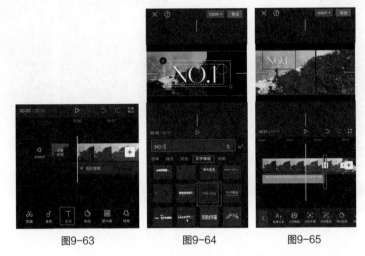

图9-63　　　　　　　图9-64　　　　　　　图9-65

11　选中"NO.1"素材，点击下方工具栏中的"复制"按钮 ▣，将其复制6次。复制完成后，将复制得到的素材分别修改为"NO.2""NO.3""NO.4""NO.5""NO.6""NO.7"，并使其分别与第3个、第5个、第7个、第9个、第11个、第13个节拍点前的素材首尾对齐，如图9-66和图9-67所示。

12　选中最后一段素材，在素材首端添加关键帧，如图9-68所示，添加完成后将时间线往后拖动2秒，并在预览区将画面轻微放大，如图9-69所示。

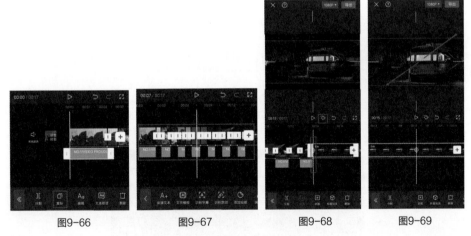

图9-66　　　　　　图9-67　　　　　　图9-68　　　　　　图9-69

13　将时间线定位至最后一段素材的首端，在未选中素材的状态下，点击"文字"按钮 🅣，然后在文字选项栏中点击"文字模板"按钮 ▣，添加"时间地点"分类下图9-70所示的模板。添加完成后，拖动"时间地点"模板素材右端的白色边框，使其尾端与"音频"素材尾端对齐，如图9-71所示。

14　选中"时间地点"模板，将文字修改为自己想要的文字，然后在预览区将其缩小并拖动至画面中心，如图9-72和图9-73所示。

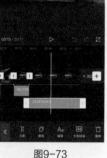

| 图9-70 | 图9-71 | 图9-72 | 图9-73 |

15 点击视频编辑界面右上角的"导出"按钮 导出，将视频保存到手机相册，视频画面效果如图9-74和图9-75所示。

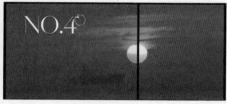

图9-74　　　　　　　　　　　　　图9-75

9.4 剪映专业版中添加特效的方法

单击工具栏中的"特效"按钮 ，此时左侧会弹出特效分类栏，可以在不同的分类中寻找合适的特效，如图9-76所示。

图9-76

找到心仪的特效后有两种添加方法：一是将转场特效拖动至素材之间，如图9-77所示；二是将时间线定位至需要添加转场特效的素材之间，然后单击特效右下角的"添加到轨道"按钮 ⊕，如图9-78所示。如果不确定转场的效果如何，添加前可以单击转场特效，预览其效果。

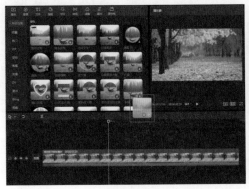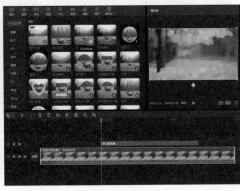

图9-77　　　　　　　　　　　　　　　　　　图9-78

添加特效素材后，可在预览区预览效果，在素材调整区可对特效进行调整，如图9-79所示。

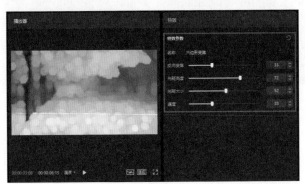

图9-79

9.5　视频特效的综合应用

前面已经介绍了为视频添加特效的方法，下面综合使用剪映各方面的功能制作特效视频，在制作视频的同时，也能在一定程度上提高使用剪映的熟练程度。

9.5.1　综合训练：人物荧光线描

本案例主要讲解如何制作人物荧光线描短视频，主要使用剪映的"特效""智能抠像""滤镜"等功能。下面介绍具体的操作方法。

01 打开剪映App，点击"开始创作"按钮 ⊞，导入"舞蹈"视频素材。

02 选中"舞蹈"素材，点击下方工具栏中的"抠像"按钮 ⚉，然后点击"智能抠像"按钮 ⚉，抠出人像，如图9-80和图9-81所示。

03 在未选中素材的状态下点击"滤镜"按钮⊗，添加"黑白"分类下的"默片"滤镜，如图9-82和图9-83所示。

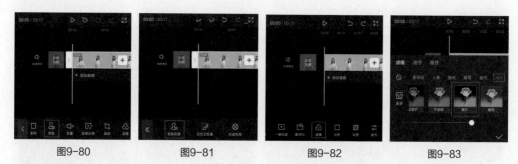

图9-80　　　　　　图9-81　　　　　　图9-82　　　　　　图9-83

04 选中"舞蹈"素材，点击"调节"按钮≋，将"高光""光感""亮度"均调整为50，如图9-84至图9-87所示，设置完成后点击"导出"按钮 导出，获得素材"舞蹈01"。

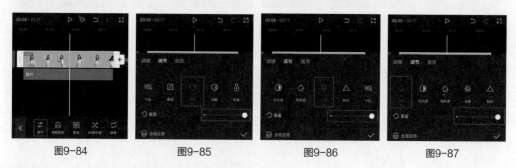

图9-84　　　　　　图9-85　　　　　　图9-86　　　　　　图9-87

05 点击"开始创作"按钮⊞，导入"舞蹈01"素材。

06 在未选中素材的状态下点击"特效"按钮✿，再点击特效选项栏中的"画面特效"按钮▨，添加"动感"分类下的"边缘荧光"特效，并调整其时长与视频时长一致，如图9-88和图9-89所示。

07 返回一级选项栏，依次点击"音频"按钮♪、"音乐"按钮◎，添加卡点音乐，如图9-90和图9-91所示。

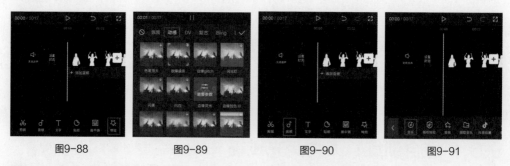

图9-88　　　　　　图9-89　　　　　　图9-90　　　　　　图9-91

08 选中音频素材，点击"踩点"按钮▣，打开"自动踩点"功能，选择"踩节拍Ⅰ"选项，如图9-92和图9-93所示。

09 返回一级选项栏，点击"滤镜"按钮⊗，依次添加"风格化"分类下的"绝对红""柠檬青""日落橘""蒸汽波""赛博朋克"滤镜，并使后4种滤镜效果的首尾端与节拍点对齐，如图9-94和图9-95所示。

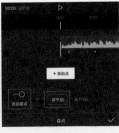

图9-92　　　　　　　图9-93　　　　　　　图9-94　　　　　　　图9-95

10　点击视频编辑界面右上角的"导出"按钮 导出 ，将视频保存到手机相册。视频效果如图9-96
和图9-97所示。

图9-96　　　　　　　　　　　　　　　　图9-97

9.5.2　综合训练：漫画人物出场

　　本案例主要讲解如何制作漫画人物出场短视频，主要使用剪映的"定格""画中画"等功能。
下面介绍具体的操作方法。

01　打开剪映App，在主界面点击"开始创作"按钮 ⊞，进入素材添加界面，导入"人像"
视频素材。

02　将时间线定位至第5秒的位置，选中"人像"视频素材，点击下方工具栏中的"定格"按钮
▣，得到"定格动画"素材，如图9-98所示。选中"定格画面"后半段视频，点击下方工具栏中
的"删除"按钮 🗑，将选中的视频删除，如图9-99所示。

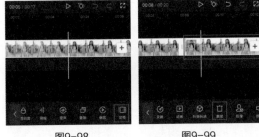

图9-98　　　　　　　　图9-99

03　将时间线定位至第5秒处，在未选中素材的状态下，点击底部工具栏中的"画中画"按钮
▣，如图9-100所示，然后点击"新增画中画"按钮 ⊞，导入"背景"视频素材并在预览区用双
指将其放大，使至覆盖原素材，效果如图9-101所示。

04 向左拖动"人像"视频素材尾端的白色边框，使其与"背景"素材尾端对齐，如图9-102所示。

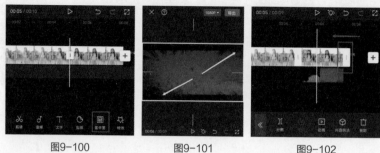

图9-100　　　　　　　图9-101　　　　　　　图9-102

05 选中"背景"视频素材，点击下方工具栏中的"混合模式"按钮 🔲，选择"变暗"模式，点击 ✅ 按钮保存，如图9-103和图9-104所示。

06 选中"定格动画"视频素材，点击下方工具栏中的"抖音玩法"按钮 ⬡，选择"漫画写真"效果，如图9-105所示。点击 ✅ 按钮保存后，点击"复制"按钮 ▣，得到"定格动画02"视频素材，如图9-106所示。

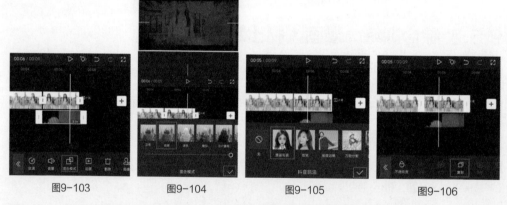

图9-103　　　　　　图9-104　　　　　　　图9-105　　　　　　　图9-106

07 选中"定格动画02"视频素材，点击下方工具栏中的"切画中画"按钮 ✂，将"定格动画02"切换至画中画轨道，如图9-107所示。拖动"定格动画02"素材，使其与"背景"素材首尾对齐，如图9-108所示。

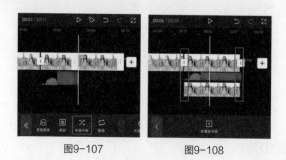

图9-107　　　　　　图9-108

08 选中"定格动画02"视频素材,点击下方工具栏中的"抠像"按钮 🔍,再点击"智能抠像"按钮 🔍,将人像抠出,如图9-109所示,效果如图9-110所示。

09 将时间线定位至第5秒处,在未选中素材的状态下,点击"文字"按钮 ▮,再点击"新建文本"按钮 ▮+,如图9-111和图9-112所示。

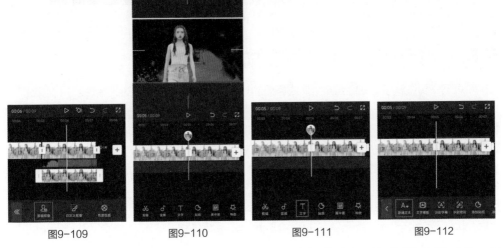

图9-109   图9-110   图9-111   图9-112

10 在文本框中输入"舞者"二字,并将其字体设置为"书法"分类下的"霸燃手书"字体,如图9-113所示。

11 选中"文本"素材,点击下方工具栏中的"动画"按钮 ◐,如图9-114所示,选择"入场动画"中的"向右集合"效果,调整入场时长为0.5秒,设置好入场动画后,在预览区拖动素材至合适的位置,如图9-115所示。

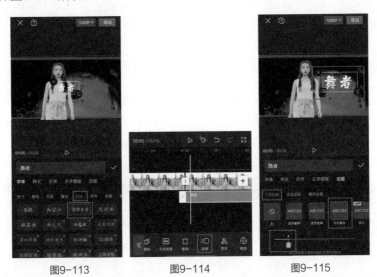

图9-113   图9-114   图9-115

12 点击视频编辑界面右上角的"导出"按钮 导出,将视频保存到手机相册。视频效果如图9-116和图9-117所示。

图9-116

图9-117

9.5.3 综合训练：夏天渐变成冬天

本案例主要讲解如何制作夏天渐变成冬天的短视频，主要使用剪映的"特效"、"蒙版"、关键帧等功能。下面介绍具体的操作方法。

01 打开剪映App，点击"开始创作"按钮⊞，导入"山"视频素材。

02 在未选中素材的状态下点击"画中画"按钮▣，再点击"新增画中画"按钮▣，导入与上一步相同的素材，并在预览区将新增素材用双指放大，使至覆盖原素材，如图9-118和图9-119所示。

03 选中新增的素材，点击下方工具栏中的"滤镜"按钮❀，如图9-120所示，在弹出的界面中选择图9-121所示的"默片"效果，然后点击✓按钮保存。

图9-118

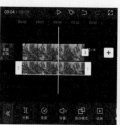

图9-119

图9-120

图9-121

04 选中新增的素材，点击"调节"按钮❀，将"光感"调至40，将"亮度"调至5，如图9-122至图9-124所示。

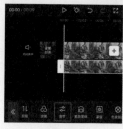

图9-122

图9-123

图9-124

05 选中新增的素材，点击"蒙版"按钮 ▣，选择"线性"蒙版，按住素材中间的 ◉ 按钮，往下拖动增强羽化效果，如图9-125和图9-126所示。

06 将时间线定位至视频起始处，将黄线移至顶端后点击 ◈ 按钮，添加关键帧，如图9-127所示。随后将时间线定位至视频第4秒的位置，将黄线移至底端，并添加关键帧，如图9-128所示。

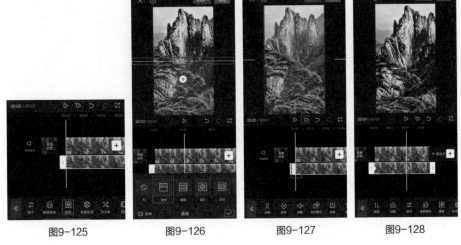

图9-125　　　　图9-126　　　　图9-127　　　　图9-128

07 在未选中素材的状态下，点击"特效"按钮 ✦，如图9-129所示，打开画面特效选项栏，选择类别栏中的"自然"选项，在列表中选择图9-130所示的特效，然后点击 ✔ 按钮保存。

08 选中"大雪纷飞"素材，向右拖动素材尾部的白色边框，将素材延长，使其与"山"视频素材的长度一致，如图9-131所示。

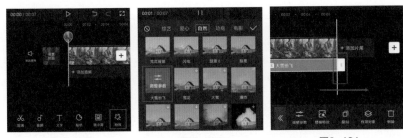

图9-129　　　　图9-130　　　　图9-131

09 点击下方工具栏中的"作用对象"按钮 ◈，并将作用对象设置为"画中画"，如图9-132和图9-133所示。

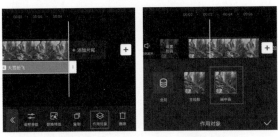

图9-132　　　　图9-133

10 点击视频编辑界面右上角的"导出"按钮 导出，将视频保存到手机相册，视频画面效果如图9-134和图9-135所示。

图9-134　　　　　　　　图9-135

第 **10** 章

动态相册

　　动态相册能够让原本静态的照片变成动态的形式。不论是日常随拍、聚会留影，还是出行旅拍、个人写真，都能够以动态相册的方式变成视频，使生活中的那些精彩瞬间变得生动有趣。本章将介绍动态相册的制作要点，并对"3D卡点个人写真相册""毕业季动态翻页相册"两个案例的制作要点进行说明。

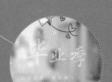

10.1 动态相册制作要点

动态相册的制作过程并不复杂，将照片素材导入剪辑轨道，然后在素材之间添加转场效果就能够得到一个简易的电子相册，如图10-1所示。

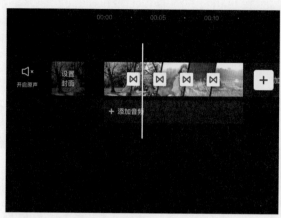

图10-1

如果想获得一个画面精美、制作精良的动态相册，需要在细节上多下功夫。下面对动态相册的制作要点进行说明。

1. 确定相册主题

在进行视频制作前，首先需要确定所制作的动态相册的主题，然后根据对应的主题确定视频的节奏和基本风格。例如，在制作成长记录等类型的动态相册时，要准备不同阶段的照片素材，视频节奏需较为舒缓，必要时还可以配上文字说明；而在制作时尚写真类的动态相册时，画面变化的节奏通常较快。

2. 筛选照片素材

在将照片素材导入剪映之前，可以先对其进行筛选。尽量选择曝光正常、色彩还原度较高、画面构图较好、画面表现力较强的照片，这样能够使相册更具美感。此外，在制作同一个动态相册时，最好选择画幅和比例相近的照片。例如，都使用横画幅或竖画幅照片，这样能使视频画面显得和谐统一。

3. 裁剪照片素材

为了使动态相册的画面表现效果更好，还需要对经过筛选的照片素材进行裁剪。在对素材进行裁剪时，首先要确定照片的画幅比例，然后统一所有照片的画幅比例，并在此基础上对画面构图进行优化。

4. 添加边框效果

为了使视频看起来更像一本"相册"，可以给照片添加边框，表现出相框的感觉。给照片添加边框的方法有很多，主要有以下三种。

第一种，在进行裁剪编辑时，给照片添加边框。在找到合适的边框素材后，可以使用专业的图片处理软件给照片添加边框，也可以通过PC端的剪映专业版进行制作。

第二种，运用"色度抠图"功能制作边框效果。使用这种方法同样需要找到合适的边框素材，然后在剪映中进行制作。

第三种，直接给照片添加剪映中的边框特效。这种方法的优点在于方便快捷，部分边框特效还带有滤镜效果，能够快速美化画面。

10.2 动态相册案例解析

本节将对3D卡点个人写真相册、毕业季动态翻页相册的制作要点进行说明。

10.2.1 制作3D卡点个人写真相册

个人写真的画面主体是人物，风格化明显的个人写真能够表现出人物的独特性格，如果想为自己的个人写真制作一个视频，那么可以选择制作一个3D卡点个人写真相册，如图10-2所示。

图10-2

本案例制作要点

● 导入照片素材后，将视频比例设置为9∶16。使用"裁剪"功能对照片素材进行裁剪，使它们符合视频比例。

● 导入背景音乐后，使用"踩点"功能找到音乐的节奏点。根据节奏点的位置，调整每段照片素材的持续时长，使视频更具节奏感。

● 使用"抖音玩法"中的"3D运镜"效果突出人物，使画面更具有立体感。

● 使用"画面特效"中"边框"分类下的特效为画面添加边框。

● 为使画面看起来更加酷炫，可以给视频添加"画面特效"中"动感"分类下的特效。在添加动感特效时，同样要注意与音乐节奏相匹配。

10.2.2 制作毕业季动态翻页相册

　　毕业总是值得纪念的，当毕业季来临时，很多人都会留下影像，记录自己曾经流连的走廊、充满读书声的教室和穿上学士服即将离开校园的自己。此时不妨对这些照片进行整理，制作一个以毕业季为主题的动态翻页相册，发到社交平台上与朋友分享，如图10-3所示。

图10-3

本案例制作要点

- 使用"蒙版"功能制作毛边玻璃边框效果。
- 使用关键帧、"复制"、"替换"功能为不同的素材添加相同的蒙版效果，快速统一画面。
- 在素材间添加"翻页"转场制作翻页效果，同时添加"翻页"音效，增强视听体验。
- 适当添加贴纸素材，以丰富画面。

第 11 章

抖音酷炫短视频

抖音上经常会出现一些具有吸引力的短视频，其精巧的构思和酷炫的特效让人忍不住反复观看。本章将会介绍抖音酷炫短视频的制作要点，并对"科技感特效短视频""抖音快闪短视频"两个案例的制作要点进行说明。

11.1 抖音酷炫短视频制作要点

制作酷炫短视频的操作并不复杂，但对细节上的精细程度要求比较高。由于这类视频更注重画面的节奏感和视觉上的冲击力，因此制作时需要使用大量的特效，如图11-1所示。

图11-1

下面将对抖音酷炫短视频的制作要点进行说明。

1. 选取合适的音乐，把握视频节奏

此类视频注重画面表现的节奏感，因此在进行视频制作之前可以先挑选节奏感强烈的动感音乐，制作卡点效果。剪映音乐素材库的"卡点"分类中为用户提供了大量的音乐素材，可以从中进行试听挑选，也可以从外部导入更为合适的音乐。

剪辑时要注意音乐和画面节奏是否协调，如果所选的背景音乐的节奏并不十分强烈，可以在适当的地方添加一些独特的音效制造出节奏感，与画面变化相匹配。

2. 使用多种方法添加特效

此类视频的画面表现大部分依赖于特效，而添加特效的方法主要有三种：第一，使用剪映自带的特效功能或套用模板；第二，运用转场、"蒙版"等功能制作画面效果；第三，导入绿幕或黑幕素材，使用"抠像""混合模式"等功能制作特效。这些方法在前面已有介绍，这里不再赘述。

需要注意的是，特效并不是越多越好，过多的特效会使画面显得杂乱无章，反而会干扰观众欣赏视频，为画面添加特效时，制作者应该学会取舍。

11.2 抖音酷炫短视频案例解析

本节将对科技感特效短视频、抖音快闪短视频的制作要点进行说明。

11.2.1 制作科技感特效短视频

很多短视频中运用了科技感很强的特效，使画面看上去非常酷炫，如图11-2所示。本案例以人物睁开眼睛作为画面变化的分割点，展示了未来人类眼中的科技世界。在制作科技化、现代都市或赛博朋克类酷炫短视频时，可以参考本案例的制作效果。

图11-2

本案例制作要点

● 使用"曲线变速"功能制作变速效果，使视频更具戏剧性。

● 使用黑幕素材"科技感光圈"，利用"混合模式"中的"滤色"功能制作人物睁眼时的特效。

● 使用"调节"功能对人物睁眼后出现的画面进行调色处理，对比表现画面的前后变化。调色时可以使用HSL功能对画面中的一种颜色进行调节，尽量使画面偏蓝、偏紫或偏红，表现出赛博朋克风格，使画面更具科技感。

● 为人物睁眼的视频素材添加"画面特效"中"光"分类下的特效，使画面更具质感；为其后的素材添加"动感"分类下的特效，增强画面动感。

11.2.2 制作抖音快闪短视频

在抖音中经常能看到转场迅速、画面变化具有节奏感的快闪短视频，这类短视频不仅画面切换迅速，而且变化和谐流畅，能给观众带来视觉上的"爽"感，从而令观众产生反复观看的欲望。本案例制作的是一段户外拉小提琴的快闪视频，如图11-3所示。在制作混剪类视频时，可以参考本案例效果进行剪辑。

图11-3

本案例制作要点

● 选择节奏明显的背景音乐。

● 制作一段色调统一的视频，使此视频每段素材持续时间不超过1秒。在素材间添加"叠化"转场，并为每段素材都添加"动感放大"入场动画效果。导出此段视频，作为嵌入素材备用。

● 导入主视频素材，为主视频轨道上的素材添加转场时，尽量使转场方向与画面人物动作方向保持一致，这样画面变化会显得更为流畅。

● 将制作好的嵌入视频作为画中画导入轨道区域，使用"蒙版"功能制作画面弹出效果。

● 添加"边框"特效，并在合适的位置添加贴纸，以丰富画面。

第 **12** 章

Vlog短视频

Vlog，即视频博客，是英文Video Weblog或Video Blog的缩写，其内容大多来源于生活。在这个人人都能拿起手机进行拍摄的时代，Vlog这种视频形式能够使人更随性地记录和分享。

本章将会介绍Vlog短视频的制作要点，并对"周末出游Vlog""居家文艺风Vlog"两个案例的制作要点进行说明。

12.1 Vlog短视频制作要点

相比其他形式的短视频，Vlog更注重表现视频制作者对于生活的记录和阐述。从制作上来说，Vlog可以很精细，也可以很粗糙，最重要的是表现出制作者对于生活的理解。下面将对Vlog的制作要点进行说明。

1. 确定Vlog的主题和内容方向

Vlog视频的内容来自生活中的零星小事，所涉及的领域非常广泛，因为每个人的生活体验各不相同。除了记录日常生活，还可以在自己擅长的领域挖掘主题进行创作，寻找更多有趣的可能性和精彩瞬间。

例如，如果制作者喜欢烹饪，对美食很感兴趣，那么既可以拍摄美食烹饪分享Vlog，也可以拍摄美食探店Vlog。如果制作者是一个厨房"小白"，还可以制订一个周期目标，对自己学习烹饪的过程进行记录，成为"养成系"的美食博主。

2. 控制时长，增强表现力

抖音中短视频的时长一般不超过60秒，甚至还有15秒以内的短视频。而一般的Vlog视频的时长都为3~5分钟，还有10分钟乃至更长的Vlog视频。

因此，如果想在抖音这类短视频平台上发布Vlog，就需要控制视频时长，选取最精彩、最具有表现力的片段吸引观众——这就需要制作者多观察、多尝试了。

12.2 Vlog短视频案例解析

本节将对周末出游Vlog、居家文艺风Vlog的制作要点进行说明。

12.2.1 制作周末出游Vlog

很多人会选择在周末出门旅行，缓解工作带来的疲惫感。在出行的过程中，大部分人会拿起手机记录沿途风景。翻看这些视频时，不妨将它们组合在一起，制作一个周末出游Vlog，如图12-1所示。

图12-1

本案例制作要点

- 选用合适的文字模板或者贴纸制作片头、片尾的字幕。

- 使用"蒙版"和关键帧功能在片头、片尾处制作镜头打开/关闭的动画效果。
- 添加合适的滤镜，协调整个视频的画面色彩，为观众提供更舒适的画面效果。
- 为视频添加"黑胶边框"特效，提升画面质感。

12.2.2 制作居家文艺风Vlog

生活不只有柴米油盐，如果我们用心去寻找，就能在细微处发现很多诗意的瞬间。用镜头记录生活的一点一滴，用文字记录内心的感受，将两者结合在一起，就能制作一个居家文艺风Vlog，如图12-2所示。

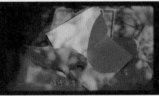

图12-2

本案例制作要点

- 粗剪时对手中的素材进行合理排序，将物件或景物放置在片头、片尾，视频主体部分则尽量放上人物活动的画面，使视频具有一定的故事性，表现居家的生活气息。
- 添加较为平滑的转场，如"叠化"转场，连贯表现文艺氛围。
- 撰写与画面相匹配的文案，注意区分文案与片头、片尾的文字效果。在对文字进行排版时，要注意保持画面美感。

第**13**章

电商短视频

　　随着短视频行业的发展壮大，使用短视频宣传商品成了电商扩大销售的方式之一。很多电商会在短视频中对产品进行相关介绍，通过直观的画面激发消费者的购买欲，并以直播带货为辅助，提高销售量。

　　本章将会介绍电商短视频的制作要点，并对"淘宝服装店宣传视频""直播预告短视频"两个案例的制作要点进行说明。

13.1 电商短视频制作要点

电商短视频多为宣传短片或评测短片。与平面的宣传图文不同，视频能够较为直观地、全面地对产品进行展示，包括产品的外形、功能、使用场景等。下面将对电商短视频的制作要点进行说明。

1. 突出产品

此类短视频中的主角就是产品，因此在制作视频时，画面重点需要放在产品本身上。但这并不意味着只要将产品放在画面中进行展示就可以了，不同产品具有不同特性，而短视频需要做的是将此特性直观地表现出来。在制作此类短视频时，需要通过多种方式来突出产品特性，从而激发消费者的购买欲望。这需要更多思考、更多创意尝试。

2. 注重文字标签、文案内容

文字是对画面的补充，标签、字幕等文字内容对于电商短视频来说非常重要。一个合格的电商短视频既要向观众展示产品的外观，也要让消费者能够直观地获得产品的名称、价格，以及店铺名称、购买渠道、折扣优惠等信息，如图13-1所示，这样才有可能将视频的观众转换为潜在的产品消费者。

图13-1

3. 把握视频节奏

电商短视频需要在短短的十几秒内介绍产品、激发观众的购买兴趣，因此节奏往往较快，画面转场比较注重视觉效果。但此类视频又与更注重视觉冲击力的酷炫短视频不同，它需要给观众留下足够的时间捕捉关键信息。因此，在制作此类视频时，需要根据产品的具体情况设计整个视频的节奏。

13.2 电商短视频案例解析

本节将对淘宝服装店宣传视频、直播预告短视频的制作要点进行说明。

13.2.1 制作淘宝服装店宣传视频

很多淘宝店铺已经开始使用短视频进行宣传，以吸引更多消费者进入自己的店铺购买产品。本案例展示的是一个服装店铺的宣传视频，如图13-2所示。

图13-2

本视频制作要点

● 使用"色度抠图"功能处理绿幕素材，制作画框效果。

● 使用"智能抠像""蒙版"功能，配合PC端剪映专业版中的"新建复合片段"功能组合画中画轨道，制作卡片效果。

● 使用关键帧和"动画"功能制作卡片滑出动画。

● 使用"定格"功能，配合文字模板制作定格画面，展示商品相关信息。

● 在片尾提供店铺信息，以便观众能够找到店铺入口。

13.2.2 制作直播预告短视频

随着直播带货的火热进行，除了广告宣传视频外，电商还会制作一系列直播预告短视频，以吸引观众进入直播间购物。本案例展示的是一个化妆品店铺的直播预告短视频，如图13-3所示。

图13-3

本视频制作要点

● 使用醒目的文字直接表明直播间地址、直播时间及直播时售卖的商品，让观众能够迅速获取关键信息。必要时可以重复关键画面，起到前后呼应和强调的作用。

● 为画幅不统一的素材加上"模糊背景"，填充画面中的黑边。

● 使用"新建复合片段"功能为文字添加动画效果，强调文字信息，提升广告效果。

第 **14** 章

剧情短片

　　除了制作快闪特效视频、商品带货视频外，还可以使用剪映制作各种主题的剧情短片。本章将会介绍剧情短片的制作要点，并对"婚纱微电影MV""毕业季校园生活记录短片"两个案例的制作要点进行说明。

14.1 剧情短片制作要点

剧情短片与Vlog短视频非常相似，两者的区别在于，Vlog短视频更多展示的是生活碎片，剧情可有可无；而剧情短片的重点则在于用画面表现故事，对剧情有一定的要求。下面将对剧情短片的制作要点进行说明。

1. 确定短片主题，制作视频脚本

在制作剧情短片之前，首先要确定视频的主题，设计故事情节，然后根据视频内容制作拍摄脚本，如表14-1所示。根据拍摄脚本拍摄和搜集视频素材，然后对照脚本进行剪辑。

表14-1　拍摄脚本

场（次）	镜号	机号	景别	拍摄方法（运镜、角度）	画面内容	对白（解说词）	音效	配乐	备注

2. 打磨台词和文案

对于剧情短片来说，除了注重画面的表现外，台词和文案也很重要。画面和音乐无法完全传达的信息需要画外旁白进行补充，经过设计的人物台词有助于塑造和表现人物性格。

14.2 剧情短片案例解析

本节将对婚纱微电影MV、毕业季校园生活记录短片的制作要点进行说明。

14.2.1 制作婚纱微电影MV

在拍摄婚纱照时，有些公司还会提供制作婚礼视频的服务，用视频记录人生大事的珍贵影像。本案例展示的是一则婚纱微电影MV，记录了一对新人互相宣誓的过程，如图14-1所示。

图14-1

图14-1（续）

本案例制作要点

● 整理素材，在轨道区域按照时间顺序排列素材，使素材表现出完整的情节，注意镜头和景别的组合。

● 使用"调节"功能对过暗或过亮的素材进行校色处理，并为所有素材添加同一滤镜，使画面色调显得和谐统一。

● 添加贴纸，装点画面。本案例使用了剪映素材库中"电影感"分类下的贴纸，配合使用关键帧功能制作渐隐和渐显的动画效果，使之仅出现在片头、片尾，以制作MV画面效果。

14.2.2 制作毕业季校园生活记录短片

除了制作毕业相册外，还能以毕业季为主题，制作有关校园生活的记录短片。这类视频的剧情感稍弱，以记录为主，具有较强的纪念意味。本案例展示的就是一则校园生活记录短片，既有对校园生活的不舍与告别，也有对未来的期许和展望，如图14-2所示。

图14-2

本案例制作要点

● 选取合适的素材，展示与朋友们一起在校园中生活、学习的点滴细节。

● 在素材间添加转场效果时，可以选择较为梦幻的转场，以表现出回忆的感觉。本案例所添加的是"模糊"分类下的"亮点模糊"转场效果。

● 注意文案与画面的匹配度。使用"新建文本"功能，调整"字体"、排列方式等文字参数，制作独特文字效果。

● 使用"调节"功能对过暗或过亮的画面进行校色，为所有素材添加同一滤镜，统一画面色调，增强观感。

附录

　　在剪映专业版中，部分操作可以直接使用快捷键完成，用户可以借此极大地提升剪辑效率，不过Mac系统与Windows系统的快捷键存在细微差别，总结如下。

操作说明	Mac系统快捷键	Windows系统快捷键
分割	Command+B	Ctrl+B
复制	Command+C	Ctrl+C
剪切	Command+X	Ctrl+X
粘贴	Command+V	Ctrl+V
删除	Delete（删除键）	Backspace（回退键）
		Delete（删除键）
撤销	Command+Z	Ctrl+Z
恢复	Shift+Command+Z	Shift+Ctrl+Z
上一帧	无	←
下一帧	无	→
手动踩点	Command+J	Ctrl+J
放大轨道	Command++	Ctrl++
缩小轨道	Command+ -	Ctrl+ -
时间线上下滚动	无	滚轮上下
时间线左右滚动	无	Alt+滚轮上下
吸附开关	无	N
播放/暂停	空格键	Spacebar（空格键）
全屏/退出全屏	Command+F	Ctrl+F
取消播放器对齐	无	长按Ctrl
新建草稿	Command+N	Ctrl+N
导入视频/图像	Command+I	Ctrl+I
切换素材面板	▶	Tab（跳格键）
关闭功能面板	Esc	无
导出	Command+E	Ctrl+E
退出	Command+Q	Ctrl+Q

提示

　　在剪映的视频剪辑界面单击顶部的▣按钮，即可弹出"快捷键"对话框。